抗戰勝利後軍事委員會聯合業務會議會報紀錄

Joint Meeting Minutes of Military Affairs
Commission, 1945-1946

導讀

陳佑慎

國家軍事博物館籌備處史政員

一、「會議」「會報」的軍事史意義

　　抗日戰爭結束，國民政府面對著一個千頭萬緒的軍事局面，尤其對日軍的受降與軍事接收、「偽軍」的收編、傷亡將士的撫慰與保障、全國各地的「綏靖」部署（實即對共作戰的準備），乃至於各式各樣的復員與整軍等課題，莫不是百事待舉。不惟如是，以上諸端彼此間相互牽動，抑或涉及複雜的國內外情勢。例如，東北的軍事接收，必須考量對蘇聯的關係，也考驗著國軍的後勤調度能力；而當時國軍後勤體系的運作，無論裝備、器材、油料的供應，以及通盤制度的建立與調整，多賴美國的協助，乃對美關係的重要一環。凡此種種，均亟待最高當局統籌處理。

　　處此情勢，當時國軍的最高中央軍事機構——國民政府軍事委員會，如何做出各種決策呢？本書收錄該會高層級的經常性會議紀錄，相信可以部分解答前揭問題。此一經常性會議，約每週舉行一次，初以聯合業務會議為名，1945 年 10 月 15 日以後易之為聯合業務會報，主要由軍政部長陳誠、軍令部長徐永昌分別主持，出席者多為軍事委員會所屬各部會廳次長、廳長、主任以上人物，可以說是軍事委員會的重要決策機制。

　　軍令部長徐永昌曾言,「所謂聯合業務會議,實即會報方式討論各種業務之實施原則」(第 6 次會議紀錄)。這段話,很可概括聯合業務會議/會報的功能。不過,此處所謂「會議」「會報」,實另有軍事史上的脈絡,應當加以簡略說明,藉使讀者更深入地了解其時空背景及相關性質。

　　原來,軍隊是講究效率的組織,但同時也是機構龐大的組織。凡是龐大的組織,都難免出現業務龐雜、文書程序繁複、指揮鈍重等等現象,不容易提升運作的效率。這樣的困難,更不是單靠「軍人以服從為天職」、「軍事命令簡單明瞭」一類的說法就能順利排除,尤其是在高級機構為然。

　　因之,經過時間的發展,大約在 1930 年代,國軍的高級機關已逐漸產生了「會議」、「會報」、「聯席辦公」等幾種模式,作為主官裁決事務,或者便於各單位共同決策、溝通聯繫的機制,藉以減少繁複公文程序,降低指揮鈍重現象。這裡提到的幾種模式,很多沿用至今(包括今天的臺灣),功能各有不同,以下就其就其運作情形舉例說明。[1]

　　其一,「會議」的定義,一如通常的定義,係就各種問題、提案進行共同討論,以謀對策。例如,抗日戰爭期間,國民政府軍事委員會委員長蔣介石曾於南嶽親自召開數次軍事會議,檢討戰略戰術重大問題;戰爭後

1　「會議會報調整辦法」,〈軍事委員會最高幕僚會議案(二十九年)〉,《國軍檔案》,檔號:29 003.1/3750.5。

期，1944 年 7 月的黃山整軍會議，乃聚焦於整肅軍紀風紀、改善軍事業務等議題。前舉大型會議，出席者多在百餘人以上，議程橫跨數日之久。至於中小型會議，則數量之多，族繁不備載。不過，另有若干的經常性會議，例如軍事委員會的最高幕僚會議（後詳），以及本書的重點——聯合業務會議／會報，與一般所說的會議相較，仍有微妙區別，其性質與後面要談的「會報」、「聯席辦公」有關。

其次，「會報」的定義，係各單位主管當面互相通報彼此應聯繫事項。會報較之一般所說的會議，更為強調經常性的溝通、協調功能。若有需要，高級機關可能每日舉行 1 至 2 次，每次 10 到 15 分鐘亦可。抗日戰爭期間，國軍中樞以會報為名，較為經常舉行者，厥為蔣介石親自主持的「官邸會報」，以及軍事委員會參謀總長何應欽主持的「作戰會報」（後詳）。蔣介石的官邸會報，地位尤其重要，當時軍事戰守大計多決定於此間。此一官邸會報的關鍵性作用，直到國民黨政府遷臺灣以後，方由新的「總統府軍事會談」所取代。[2]

其三，「聯席辦公」的定義，則係由主官召集所屬各單位主管，當面核判重要繁複公事之須當面商詢或共同商討者。按某些官方文件的說法，它的性質和會議、

2　抗戰時期官邸會報的運作模式，蘇聖雄已進行過分析，參見蘇聖雄，《戰爭中的軍事委員會：蔣中正的參謀組織與中日徐州會戰》（臺北：元華文創，2018），頁 68-83。國共戰爭時期及其後的官邸會報情形，參見陳佑慎，《國防部：籌建與早期運作（1946-1950）》（臺北：民國歷史文化學社，2019），頁 129-138。蔣介石、蔣經國擔任總統時期，總統府軍事會談的原始紀錄，現藏於國史館，目前僅部分公開。

會報仍有不同。不過，在實務上聯席辦公一語，通常是和會議、會報混合使用，甚至謂之混淆使用亦無不可。抗日戰爭期間，即有國民黨人形容，軍事委員會的作戰會報「實質上乃聯席辦公，既非會報，亦非會議」。[3] 應當指出，這句話若套用在蔣介石的官邸會報之上，同樣是耐人尋味的。

究其實質，所謂會議、會報、聯席辦公的性質雖有不同，但國軍高層對各個會議、會報的定位泰半未有嚴謹劃分，甚至在各種資料上也不時有混用的情形。例如，蔣介石所主持的官邸會報，便常被某些軍官記述為「官邸會議」。[4] 而關於最高幕僚會議，亦有謂「解決本會（軍事委員會）事務上繁複之問題及增進各部間之聯繫，雖屬不少，但絕少幕僚業務之問題，誠有名實不符之感」。[5] 造成上述現象的關鍵，係因無論會議、會報、聯席辦公模式的形成與運作，均出於自然演變而來。這個自然演變過程，頗為攸關聯合業務會議／會報的問世。

二、聯合業務會議／會報的緣起

綜前所述，會議、會報乃國軍高級機關逐漸形成，

---

3 「會議會報調整辦法」，〈軍事委員會最高幕僚會議案（二十九年）〉，《國軍檔案》，檔號：29 003.1/3750.5。

4 例見邱沈鈞，〈國民政府國防部的本質〉，全國政協文史資料委員會編，《文史資料存稿選編》，第 15 冊：軍事機構（上）（北京：中國文史出版社，2002），頁 43-44。

5 「會議會報調整辦法」，〈軍事委員會最高幕僚會議案（二十九年）〉，《國軍檔案》，檔號：29 003.1/3750.5。

所用以共同決定事務，及促進聯繫之方法。在抗戰期間，除了蔣介石親自主持的官邸會報之外，國軍的最高機關──國民政府軍事委員會，也自然形成了幾個比較重要的經常性會議、會報，分別是「作戰會報」、「最高幕僚會議」、「事務會報」等，說明如次。[6]

其一，「作戰會報」係由參謀總長何應欽主持，裁決各部有關作戰之業務。源起於 1937 年 8 月軍事委員會改組為陸海空軍大本營（後取消，仍維持以軍事委員會為國軍最高統帥部），而機構與組織仍概同各國平時機構，未能適合戰時要求，遂特設此一會報解決作戰事項。

其二，「最高幕僚會議」亦由參謀總長何應欽主持，形式上的宗旨是「聯繫軍事各部業務及檢討各部工作進度，以求推進全國軍事」，乃軍事委員會的最高事務會議。事實上，此一最高幕僚會議，也可以說是早先軍事委員會常務會議的後身。

原來，在抗日戰爭爆發以前，軍事委員會在形式上仍是採取合議制的機構，除所謂軍令業務可由委員長單獨裁決外，軍政業務仍須由各委員共同會議決策，故而常務會議有其重要性。惟隨著時間發展，尤其是抗日戰爭爆發以後，軍事委員會已從合議制轉向「獨任制」發展，由委員長蔣介石個人獨攬軍政、軍令等各方面的全權。於是，舊有的例行性常務會議不復召開，反造成了

---

6 「會議會報調整辦法」，〈軍事委員會最高幕僚會議案（二十九年）〉，《國軍檔案》，檔號：29 003.1/3750.5。

各部聯繫問題難以妥適解決。1939 年 2 月，軍事委員會特設最高幕僚會議，規定每月應至少舉行一次，就是為了解決前面提到的困境。

其三，「事務會報」設置目的為，基於最高幕僚會議裁決之原則，進行細密部分的審核、具體實施辦法的擬定，每週訂開會 1 次。當時，國軍高層有謂，該會報「實施以來，完全變質成為一種次級之事務會議」，「但對於各部間之矛盾，每得當面提出解決，可免許多紛爭」。

綜觀抗日戰爭期間，軍事委員會的作戰會報、最高幕僚會議、事務會報均頻繁召開，它們的活動，是當時國軍中樞日常運作的重要剪影。惟如何使「每種會議會報均須名實相符，不可聽其自然演變」，[7] 也一直是許多國軍高層人物苦惱的課題。而且，所謂的「自然演變」更沒有劃下休止符。

抗日戰爭結束之初，1945 年 8 月 27 日，「聯合業務會議」的召開，即是國軍中樞會議、會報運作模式再一次自然演變的結果。當時，原有的最高幕僚會議、事務會報依舊存在，僅作戰會報改稱軍事會報。而新設的聯合業務會議，以討論戰後的受降與接收、復員與整軍等議題為主，但涉及各種軍政與軍令業務，功能頗與既有軍事會報、最高幕僚會議、事務會報重疊。

新的聯合業務會議，由軍政部長陳誠、軍令部長徐

7　「會議會報調整辦法」，〈軍事委員會最高幕僚會議案（二十九年）〉，《國軍檔案》，檔號：29 003.1/3750.5。

永昌等人分別主持，其實陳誠的角色尤為重要。蓋原先
主持作戰會報、最高幕僚會議的參謀總長何應欽，已於
1944 年 12 月起兼任同盟國中國戰區陸軍總司令，赴前
線主持反攻、受降等事宜，其參謀總長職務由副總長程
潛代理。程潛位高而權不重。反之，陳誠在中樞的影響
力正日益加增，逐漸主導國軍新一階段的整軍、建軍政
策規劃。如此，陳誠等人之主持聯合業務會議，未嘗不
可視作國軍決策階層人事變動所致。

然而，國軍中樞既增加聯合業務會議之召開，則會
議、會報之多，是否反不利機構的運作，誠不無疑問。
1945 年 10 月 1 日，聯合業務會議召開第 6 次會議，會
議中即特別討論「本會（軍事委員會）會報過多，星期
一有聯合業務會議，星期四有軍事會報，星期五有事務
會報，另有最高幕僚會議，似可整理減併，以省時間」
等問題（第 6 次會議紀錄）。

面對國軍中樞會議、會報的整併問題，國軍高層的
意見並不一致。例如，陳誠主張「除星期一之會報外，
不必再有其他名目」、「另有重大事件時，可召集臨時
會議」（第 7 次會議紀錄），而此議徐永昌無法苟同。[8]
不過，當時的整併基本方向，仍可概括如下：事務會報
取消，併入聯合業務會議，以軍事行政及一般事務為
主；最高幕僚會議取消，或者僅保留名義作臨時召集性

---

8 1945 年 10 月 8 日，徐永昌自記曰：「下午聯席會報……辭修提議
　將星四本會作戰會報停止，余以為似不能，即由本業務會報停止
　之，辭修堅持終歸停止（但終是再開一次作戰會報始決定者）」。
　見徐永昌撰，中央研究院近代史研究所編，《徐永昌日記》（臺
　北：中央研究院近代史研究所，1990-1991），第 8 冊，頁 172。

質；軍事會報（一度研議改稱幕僚會議）保留，以「綏靖」業務為主。

經過討論以後，1945 年 10 月 15 日起，軍事委員會僅只保留聯合業務會議與軍事會報，其餘會報、會議一概取消。而聯合業務會議既已合併事務會報，也從此正式改稱聯合業務會報（第 8 次會報紀錄）。至於由蔣介石親自主持的官邸會報，並不受此次調整的影響。

倒是，國軍中樞會議、會報運作模式的自然演變，很快還有新一階段的發展。1946 年 4 月 22 日，第 30 次聯合業務會報召開，同時也是本書史料收錄的最後範圍。這一天，陳誠另外主持的中央軍事機構改組起草委員會，奉蔣介石意旨，經過反覆的研討，剛完成第一份國防部組織法草案。緊接著，6 月 1 日，軍事委員會撤銷，國防部正式成立。嗣後，軍事委員會原有的聯合業務會報、軍事會報均完全停止，易之以新的國防部部務會報、部本部會報、參謀會報、作戰會報。而在國防部的各種會報中，又以陳誠出掌新制參謀總長所主持之參謀會報、作戰會報較為重要。這個發展，則是另一段新的故事了。[9]

但饒富意味地，新的國防部部務會報、部本部會報、參謀會報、作戰會報，一如舊制軍事委員會的各種會議會報，作為自然演變的結果，同樣充斥著混亂、區隔不明的情形。1946 年 8 月，時任空軍總司令的周至

9　陳佑慎，《國防部：籌建與早期運作（1946-1950）》，頁 138-151。

柔曾批評,「本部(國防部)各種會報,根據實施情形研究,幾無分別」。[10] 人類現象時常是延續性發展的,此處談到的國軍中樞運作問題,毫無疑問並非例外。

三、聯合業務會議／會報紀錄的史料價值

無論如何,聯合業務會議／會報確可視為國軍中樞的重要決策機制,時間起迄為自 1945 年 8 月抗日戰爭結束之初,至 1946 年 4 月軍事委員會撤銷、國防部成立前夕止。按軍政部長陳誠的說法,「(軍事委員會)各部對主管業務能自行解決者,即由部長負責處理;不能解決者,提經官邸會報或聯合業務會報決定;再重大者,始呈請委座核示」。(第 10 次會報紀錄)

因此,聯合業務會議／會報紀錄的史料價值,至少能從兩個層面來談。一為藉以窺探抗戰結束初期國軍中樞的運作,一為藉以理解同時期國民政府軍事決策的作為,特別是關於勝利受降、處置偽軍、復員整軍等方面的課題。而兩個層面又是彼此高度相關的。

首先,過去學界探討近代中國軍事史,每較為注意蔣介石等最高領導人的決策,稍疏忽於指揮、參謀機構的組織角色。此一情景,近年來隨著新研究成果的產出,已大有改善,但研究空隙仍然不小。其實,即使是蔣介石這樣事必躬親、宵旰軒勞的軍事領袖,猶不可能單憑個人機智應付現代戰爭的前線部署、後方支援勤

10 「國防部部務會報紀錄」(1946年8月17日)、「國防部部務會報紀錄」(1947年4月12日),〈國防部部務會報紀錄〉,《國軍檔案》,檔號:003.9/6015.2。

務，必須倚靠專業的軍事幕僚、指揮參謀機構來輔助決策。而歷史研究者若欲理解軍事幕僚、指揮參謀機構如何運作，如何輔助統帥決策，各種會議、會報機制絕對是不容忽視的探討切入視角。

在 1949 年以前的主要國軍中樞會議、會報當中，官邸會報之紀錄原件僅只 1934 至 1938 年間若干部分已披露於世；至於軍事委員會及國防部所屬會議、會報之紀錄原件，則在近十餘年陸續獲得公開。本聯合業務會議／會報的紀錄，是後者的一塊重要拼圖，也可說是研究者在探討戰後中國軍事史時，目前所能掌握的較高層級會議（會報）紀錄史料。

聯合業務會議／會報的紀錄內容，很能呈現蔣介石之下指揮參謀機構決策的動態過程。例如，1945 年 9 月 24 日，聯合業務會議針對蔣介石業已批准的「河西防務及新疆剿匪部署」，要求各有關單位「是否能依照辦理，請提出意見」（第 5 次會議紀錄）。再如，同年 10 月 1 日，則針對蔣介石手諭成立川黔湘鄂邊區綏靖主任公署（主任潘文華）一案，提出討論「傅仲芳之三省邊區清剿總指揮部，未避免機構重複，多耗經費計，似應於新綏靖主任公署部署完成後撤銷」、「綏靖主任公署地點，原定酉陽，可否再為推進？」等議題（第 6 次會議紀錄）。

藉由聯合業務會議／會報紀錄呈現的決策動態過程，研究者亦可更加理解當時國軍高層面對受降與軍事接收、「偽軍」的收編、各地的「綏靖」部署、復員與整軍諸課題時的基本思維。例如，關於偽軍問題，軍令

部次長劉斐曾於會中批評「何兼總司令所訂之辦法有欠
澈底,第一,有給與而不足用;第二,名義似給與而又
未真正給與,將招致偽軍之惶惑疑懼,恐為奸匪所乘所
用」,主張謹慎進行編遣;反之,軍令部第一廳廳長張
秉均則認為,「國軍抗戰軍官,尚在編餘,而偽軍新近
發表總司令及軍長者多,精神影響,至為不良」,主張
「偽軍宜一律遣散」、「至顧慮其變為奸匪一層,實毋
庸如此,蓋彼等多腐化分子,亦知為奸匪所不樂用」
(第11次會報紀錄)。其餘歷史細節,值得研究者繼
續深掘。

　　有時候,將這樣的原始紀錄,參照其他性質的資
料,或有耐人尋味的發現。例如,1944 至 1946 年間,
多次奉命前往新疆處置「伊寧事變」的國民黨人張治
中,日後在中國大陸出版的回憶錄聲稱:「當時我已經
考慮到,這件事情要想以軍事上解決是毫無希望的,只
有用政治方式來解決,而政治解決必須有中間人,最好
的中間人是蘇聯」。[11] 實則,若按 1945 年 10 月 1 日聯
合業務會議紀錄的記載,張治中曾有發言「新疆問題,
多以為關鍵純在政治,只要外交工作成功,一切問題即
告解決;據本人所見,實應以軍事為主,軍事有辦法,
其他問題即可無慮,此層請軍令、軍政兩部注意」。
(第6次會議紀錄)

　　除此之外,相關紀錄的內容,也承載著當時國民黨

---

11 張治中,《張治中回憶錄》(北京:中國文史資料出版社,
　 1985),頁 419。

人設想的未來軍事建設藍圖。這個藍圖，日後因為國共內戰的結果，多數未得實現，遂為多數世人所遺忘。即使如此，它們仍然是戰後中國軍事史圖景不可或缺的一角。例如，各地「軍區」的劃設（東北、新疆每省設 3 個軍區，陝甘川滇粵每省各設 2 個軍區，其餘各省各設 1 個軍區，總計 42 個軍區）、補給區制度的確立、諸軍事學校遷設長江以北，均於各場聯合業務會議／會報討論多時，絕非偶然。某種意義上，研究者在探討這類胎死腹中之案時，會議紀錄是十分理想的史料。

總之，聯合業務會議／會報的召開，承繼國軍行之有年的會議會報模式，作為軍事委員會在機構生命最後階段的決策機制。另一方面，該會議／會報紀錄涉及的內容，廣泛含括了當時國民政府所面臨的軍事課題。研究者利用本紀錄，並參照其他史料，綜合考量其他國內外因素，並適切理解相關機制在軍事史上的脈絡，定能更深入地探析近代中國軍事、政治史事的發展。

編輯凡例

一、本書依照軍事委員會原件,以開會次序排列。

二、為便利閱讀,部分罕用字、簡字、通同字,在不影
　　響文意下,改以現行字標示,恕不一一標注。

三、本書史料內容,為保留原樣,維持原「偽」、
　　「奸」、「匪」等用語。

目　錄

軍事委員會聯合業務會議
第一次會議紀錄

時　　間：三十四年八月二十七日下午四時至八時半

地　　點：軍令部兵棋室

出席人員：辦公廳　賀國光

　　　　　侍從室　趙桂森

　　　　　軍令部　劉　斐　鄭介民　張華輔

　　　　　　　　　張秉均　宋　達　曾慶集

　　　　　　　　　廉壯秋

　　　　　軍政部　林　蔚　吳　石　方　天

　　　　　　　　　陳　良　陳春霖　劉雲瀚

　　　　　政治部　袁守謙

　　　　　兵役部　秦德純

　　　　　後勤部　端木傑　郗恩綏

　　　　　航委會　錢昌祚　倪世同

　　　　　銓敘廳　錢卓倫

主　　席：軍政部陳部長

紀　　錄：魏汝霖

修　　正：張一為

會議經過

一、辦公廳報告

　　〈抗戰軍人給賞辦法〉及〈陣亡將士家屬殘傷官兵
優待撫慰保障辦法〉，奉主席令飭，由行政院與軍委會
擬具呈核，茲已擬就草案，請加以研討，以便函送行政

院主稿簽復。

二、軍令部報告

（一）劉次長斐報告

1. 國內受降一切事宜應與美方一致，各部辦理此項有關事宜，應注意避免紛岐。

2. 受降計畫第一步為中國大陸，第二步為越南，第三步為台灣，第四步為東北三省。

   越北缺米影響進軍。台灣接收在十月十五日以後，依目前情形論，以派第三戰區之部隊前往為宜，一切尚無詳密計畫，應早為準備。接收東北須用五個軍，先宜由海運派三個軍前去，約在十一月後方可實行，應注意準備冬服。

3. 偽軍情形複雜，問題甚多，現在各方自行委編，各部應注意之。

（二）第一廳報告

1. 關於國內受降案（包括偽軍）已分別規定，由何總司令全權處理。

2. 業由外交途徑制止外蒙軍南下，蘇方表示無意佔領張家口及北平。

3. 接收越南、台灣、香港，正分別簽核辦法中。

   越南北緯十六度以上由我方負責，令第一方面軍辦理，貨幣問題及軍政府問題已擬訂辦法。

   委座已授權英國將官接受香港日軍投降，我方派人參加受降。

4. 偽軍方面，龐炳勳已任為新編陸軍第一路總

司令。

5. 關於水陸交通整修恢復，已請美軍總部協助，並令海軍總部掃除長江水雷。

6. 淞滬警備總司令部已成立。

三、軍政部報告

（一）方署長天報告

1. 敵偽投降後，本部為便於處理收繳工作，特分區派遣特派員組織辦公處，其區域及人選如次：

京滬區（含杭州、紹興、安慶、南昌）　趙志垚

平津區　　　　　　　　　　　　　　何偉業

武漢區（含岳州、長沙、衡陽）　　　林逸聖

廣州區（含雷州半島、廈門、汕頭）　莫與碩

開封區（含徐州、蚌埠）　　　　　　周熹文

膠濟區　　　　　　　　　　　　　　陳寶倉

越南區　　　　　　　　　　　　　　邵百昌

2. 未設特派員之處，已電由各戰區（各方面軍）司令部自行組織接收組辦理。

3. 已另擬接收詳細辦法呈核中。

（二）陳署長報告

1. 國軍進入收復區，各項經費提前發給，敵俘待遇及收編偽軍經費亦分別規定。

2. 各部隊所需服裝費正呈請核准中。

3. 國軍進入越北，發行越南流通券，與東方匯理銀行之老越幣同等行使。接收台灣，發行台灣流通券，與台灣銀行之貨幣同等行使。比值越

南為一比一百，台灣為一比一。

在流通券未印就前，以小額法幣加印「○○流通券」字樣代替。

4. 東北防寒被服，由平津特派員何偉業在華北各地籌製配發。河南部隊冬服，由蘭州第十被服廠承製，限九月半以前交清。

5. 軍糧副秣籌辦機構之組織

戰區（方面軍）設軍糧籌購委員會，由糧食部派員主持，各有關機關派員會辦。

各補給區及兵站總監部設採購委員會，由各該單位主官主持，各有關人員協辦。

軍、師、旅、團、營設採購組，由各該單位不兼政工之副主官主持，有關人員協辦。

6. 出動部隊之副秣，規定價款預發一月，就地平價採購，食鹽請財政部就各地市價預發兩月代金，由本部轉發。

7. 還都官佐及眷屬旅費補助辦法。（原件從略）

（三）陳處長春霖報告

編餘軍官佐安置計畫概況如次：

1. 戰時編餘將官三八二員，校尉官二二、二九六員，復員退役將官約二、○○○員，校尉官約二○、○○○員。

2. 在軍區、師團管區、鐵道及收復區之保安團警與地方行政幹部，約可安置將官四三六員，校尉官六三、一三二員，餘則分別施以轉業訓練，分發各行政部門，予以實際工作。

（四）劉局長（新疆供應局）雲瀚報告

新疆匪勢猖獗，情形危殆，應請解決者，計有數端：

1. 加派遠程轟炸機痛懲匪巢。

2. 加派精銳部隊入新，新省原有各部隊似應併編。

3. 加派汽車一百五十輛，並就近由陝甘區之汽車部隊派出。

4. 請發一部份舊械，裝備民眾自衛。

5. 糧食困難，請由甘肅、河西增加五萬大包濟新，並先撥款五億元購糧。

6. 鈔票不足支付，請補救。

附記劉次長斐補充報告：

新疆亂匪受蘇聯接濟，我軍補給非常困難，處理關鍵在外交與補給兩項。

（五）提案

適應緊急業務處理須日夜工作，遵照委座電令擬具「各機關加勤人員津貼支給辦法」。

1. 夜工人員，中級官每人每夜陸佰元，初級官及文書上士每人每夜四百元，作為夜勤津貼，將官由各機關主官比照前列標準酌情自定。

2. 所需費款由各機關（預算一級單位）計數列表，向軍政部請領。

請公決。

四、後勤部郗參謀長報告

（一）國軍進入收復地區後勤業務計畫概要

　　1. 將戰時補給制度嬗變為平時供應制度，暫將全國劃為九區及中央直轄區：

中央直轄區	蘇浙皖
長江區	湘鄂贛
東南區	閩粵桂
西南區	川康滇黔
西北區	陝甘寧青
華北區	冀魯豫
東北區	遼吉黑
內蒙區	熱察綏
新疆區	新疆
台灣區	台灣

　　2. 將來全國之供應系統，依軍政部所確立之三級補給制度，概要如次：

軍品生產籌辦儲備分配	軍政部各署司會局
軍品運輸補給	供應總司令部
	及各供應區司令部
補給實施	部隊機關學校

五、主席指示及決議

　　1. 文武官員加薪必須一致，對於此次文官又已加薪，軍官加薪亦可擬定預算，請求委座批示。

　　2. 抗戰勝利之日，應發給有功勛勞績之軍人各種勛章與獎章，希銓敘廳召集有關機關確實商討。

3. 辦公廳所提抗戰軍人給賞辦法草案，賞金數目太大，且為普遍性質，應再考慮修訂或改發紀念章，但亦當與文官方面一致為妥。

4. 受降一切事宜，本會各單位與各戰區聯繫程度不夠，應注意改正。

5. 台灣將來當為行省，接收既尚有相當時間，以後有意見可隨時提供參考。

   二〇八及二〇九兩師之武器，應設法充實之，美方指定廈門與福州為輸出部隊赴台灣之港口。

6. 派赴日本、台灣、安南之軍隊，服裝應從新製造質料較好者，並應著皮鞋，軍帽亦應改良形式，最少亦得準備五十萬套，方可足用。

7. 偽軍目前正式受委者，只龐炳勳一部，總長辦公室、本會辦公廳及調統局三部份，應詳查加委之偽軍，以憑核辦，凡未收委偽軍，軍政部不得發給款彈。

8. 據海軍部聲稱，長江掃雷約四個月方可完成，殊嫌太慢，應令海軍教導總隊唐總隊長，從新組織掃雷隊，迅速完成掃雷工作。

9. 編餘軍官應仍十足支薪，以至其改就其他職務時為止，至收容之軍官支薪六成或八成均可。

10. 俘虜官兵只可管其穿吃，以與我國官兵同等為最高待遇，至偽軍維持其最低生活，只給伙食費。

11. 東北三省至少派五個軍。

12. 新疆應迅速解決運輸問題，以利剿匪。

13. 六中全會原定明年度施政方針，關於軍事部門

似未十分確當，請林次長、劉次長、方署長、軍令部張廳長四人會同研究，加以修正。

14. 魏德邁將軍所提之備忘錄為保護油管問題，應將油管線之部隊查明調整之。

15. 所謂實施新給與者，即現品補給，否則失其意義，陸軍大學校、中央軍校應首先實施之。

16. 〈陣亡將士家屬殘傷官兵優待撫慰保障辦法草案〉，應詳為審核，凡不易作到之條款，應即取消之，不可徒粉飾文詞，免實行時發生困難。

17. 陣亡及殘傷將士家屬勝利卹金之數目可以加多，以示體卹，應從新擬訂之。

18. 〈還都官佐及眷屬旅費補助辦法〉第五項中「但有贍養義務而現在渝同居之眷屬」字樣可以刪去，應以直系親屬為限。

19. 軍政部提議：「〈各機關加勤人員津貼支給辦法〉請公決」。

決議：

通過。

20. 劉次長斐報告：「軍政部以後參加中美聯合會報者只俞次長一人，似可再參加人數」。

決議：

由軍務署派一人參加。

軍事委員會聯合業務會議
第二次會議紀錄

時　　間：三十四年九月四日下午四時至五時半
地　　點：軍令部兵棋室
出席人員：辦公廳　　劉祖舜
　　　　　侍從室　　趙桂森
　　　　　行政院　　徐道鄰
　　　　　軍令部　　劉　斐　張華輔　張秉均
　　　　　　　　　　秋宗鼎　宋　達　謝連品
　　　　　　　　　　杜　達
　　　　　軍政部　　林　蔚　吳　石　方　天
　　　　　　　　　　陳　良　陳春霖　唐靜海
　　　　　政治部　　袁守謙
　　　　　兵役部　　秦德純
　　　　　後勤總部　端木傑　郗恩綏
　　　　　航委會　　錢昌祚
　　　　　撫委會　　戴明允
　　　　　銓敘廳　　錢卓倫
主　　席：軍政部陳部長
紀　　錄：張一為

會議經過
一、辦公廳報告（劉組長祖舜報告）

　　根據上次會議主席指示原則，召集有關機關商討左列兩案：

（一）〈抗戰官兵給賞辦法〉案

一般意見

　　1. 戰時官兵生活窮苦，金錢為實際需要；

　　2. 主席手諭為「擬訂給賞辦法」，非敘勳之意。

　　軍政部所提：「現役官兵，一律發給一個月薪給之獎金，傷殘者增發一個月。」

一般意見：「擬再各增加一個月。」

　　依軍政部所提，約需國幣一百三十億元，依一般意見，約需國幣二百五十億元（空軍在外）；據財部代表稱：「二百億元左右，國庫尚無問題。」

（二）〈抗戰陣亡將士家屬殘傷官兵優待撫慰保障辦
　　　　法〉案

一般意見

　　對抗戰陣亡將士家屬一次給與勝利卹金之數目，照原規定增加一倍發給。

主席意見：

1. 給賞意義不限於金錢，如數字過大，籌碼發生問題。

2. 軍官薪給問題，亟待解決，目前文武待遇不一，若能使成一致，較給獎更為有益。

3. 對抗戰官兵，若認為必須獎金，其數字計算可斟酌約略一月之標準，另規定一定數額，比較方便。

4. 抗戰官兵獎金，應即會同行政院簽呈委員長核定，至陣亡將士家屬一次給與之勝利卹金，可照所議數目簽呈委員長批核。

5. 所謂殘廢，多非絕對之謂，即存一手或一足，亦可參加生產工作；軍政部、社會部、銓敘廳、撫卹委

員會，應會同確定安置殘傷官兵實施辦法，此點軍需署特加注意。

二、侍從室報告

委員長近因特別公忙，少閱公文，請各機關注意三點：

1. 重要者各部先辦後報。
2. 更重要者，官邸會報時當面報告委員長決定。
3. 極關重要須請委員長批示者，始用公文。

主席意見：

請侍從室先將現在積存未呈批之公文，清出退還各部，自行斟酌辦理。

三、軍令部業務報告（第一廳書面發表）

（一）關於受降及接收台灣、佔領越南事宜

  1. 不屬岡村指揮系統之台灣，東南沿海敵軍及越南，已令向何總司令投降；

  2. 岡村請保留日本軍刀，仍令其解除；

  3. 佔領越南及收復台灣計畫，已與美方商訂，開始施行；

  4. 已發表陳儀兼台灣警備總司令。

（二）關於軍事部署事宜

  1. 準備海上運輸，調整戰區戰鬥序列與戰鬥地境；

  2. 漢中行營改為北平行營。

（三）已飭何總司令及各戰區迅速整修交通。

（四）飭海軍總司令整備海軍。

四、軍政部提案

（一）軍務署提出者

1. 請規定中國陸軍節日案

以發動抗戰之七月七日，或以日本宣布接受無條件投降之八月十一日，或以在我國內地日軍簽字投降之九月九日為陸軍節日。

2. 依緊縮機構原則，擬撤銷軍令部參謀業務諮詢指導組案。

張主任華輔意見：

請保留。

3. 依復員計畫應裁撤各訓練班所（如附件）案。

張主任華輔意見：

西北參謀班現改為訓練情報人員，似應保留。

（二）軍政部部長辦公室提議

明年度預算展期至九月十五日呈出，必須依限辦理，計時極為迫促。此種預算，當以各部會施政與經辦業務之大綱為準據；故希望各部會，根據最高國防會議新決定之三十五年度國家施政方針中所訂定之軍事施政方針，將各自之施政方針及業務大綱，從速擬訂，於下星期一聯合業務會議，提出討論，再加整理，于十二日以前送軍政部，以便編造預算為要。

主席意見：

1. 關於陸軍節日問題

(1) 建議規定陸軍節日者多，茲暫不決定，本人以為以誓師北伐之紀念日為陸軍節日，尚有重大意義。

(2) 就軍令部原有機構，責成某一單位辦理參謀業務

諮詢指導事宜即足，若事繁須增設人員亦可，毋
須多設機構。

(3)應切實實施復員計畫，各訓練班所，十月底前一
律裁撤。

2. 關於編造明年度預算，應速辦，可另行召集會議商討
辦理。

附件

<table>
<tr><td colspan="4">擬裁撤之訓練班所名稱表</td></tr>
<tr><td>部別</td><td>班名</td><td>地址</td><td>備考</td></tr>
<tr><td rowspan="2">軍委會</td><td>譯電人員訓練班</td><td></td><td></td></tr>
<tr><td>東南區譯電人員分班</td><td></td><td></td></tr>
<tr><td rowspan="3">軍令部</td><td>西南參謀補習班</td><td>遵義</td><td rowspan="2">西北、西南兩參謀補習班原令合併，擬一併裁撤</td></tr>
<tr><td>西北參謀補習班</td><td>西安</td></tr>
<tr><td>軍令部諜報參謀班</td><td></td><td>已下令裁撤，尚未據報</td></tr>
<tr><td>軍訓部</td><td>突擊幹訓班</td><td>浦城</td><td></td></tr>
<tr><td rowspan="8">軍政部</td><td>衛生勤務人員訓練所</td><td>貴陽</td><td></td></tr>
<tr><td>軍醫學校西北教育班</td><td>西安</td><td></td></tr>
<tr><td>衛生人員訓練所第一訓練班</td><td>重慶</td><td></td></tr>
<tr><td>衛生人員訓練所第二訓練班</td><td>邵武</td><td></td></tr>
<tr><td>衛生人員訓練所第三訓練班</td><td>邵武</td><td></td></tr>
<tr><td>衛生人員訓練所第四訓練班</td><td>昆明</td><td></td></tr>
<tr><td>衛生人員訓練所第五訓練班</td><td>黔江</td><td></td></tr>
<tr><td>衛生人員訓練所第六訓練班</td><td>城固</td><td></td></tr>
</table>

五、兵役部提案

（一）收復區之師區設置案。

（二）補充部隊官兵現有三十二萬人，年底保留至二
十四萬人案。

主席意見：

1. 收復區之師區設置，俟軍區案決定後再辦。

2. 補充部隊官兵似以保留兩三萬人為已足。

六、航委會報告

本會所有運輸機甚少，不能擔任空運。

主席意見：

空運雖速，但機數無多，不可指望，應迅速恢復長江水運（後勤部辦），並即行試航（海軍處辦），據各方情報，長江無水雷障礙可言。

七、銓敘廳業務報告

〈抗戰勝利官兵給賞辦法〉，除獎金外，尚有勳章、獎章、紀勳表、紀念章四種，均訂有頒給辦法，將來擬全體均發紀勳表。

主席意見：

1. 紀勳表中間之梅花或國徽，似不可較其他部位特大，致不雅觀。
2. 須注意不能如北伐紀念章，對反對北伐軍者亦予發給，如偽軍之類不能頒發獎章；至目前之特殊部隊，如能由政治途徑解決，對始終抗敵者亦可發給之。

八、主席提出意見

長江通航後，各部似應先派必要人員赴京，準備，庶委員長到時，即能開始辦公。

軍事委員會聯合業務會議
第三次會議紀錄

（修正本，原發紀錄作廢）

時　　間：三十四年九月十日下午四時至七時

地　　點：軍令部兵棋室

出席人員：辦公廳　　賀國光

　　　　　侍從室　　趙桂森

　　　　　行政院　　黎　琅

　　　　　軍令部　　徐永昌　劉　斐　張華輔

　　　　　　　　　　張秉均　李立柏　唐君鉑

　　　　　　　　　　李樹正　謝連品

　　　　　軍政部　　林　蔚　吳　石　方　天

　　　　　　　　　　陳　良　陳春霖

　　　　　政治部　　袁守謙

　　　　　兵役部　　秦德純

　　　　　後勤總部　端木傑　郗恩綏

　　　　　航委會　　周至柔　錢昌祚

　　　　　撫委會　　吳子健

　　　　　銓敍廳　　錢卓倫

主　　席：軍政部陳部長

紀　　錄：張一為

會議經過

一、辦公廳賀主任報告

　　明年度各部會之施政方針及業務大綱，須迅速擬

訂，明十一日上午十時由會召集會議，請各單位主官親
臨商討，確立預算準據。

航委會錢昌祚報告：

委座令與美方商議，擬訂空軍五年建設計劃，故預算呈
出較遲，約需時兩週。

軍令部劉次長斐意見：

海軍行政體系，似應調整，目前除預算向軍政部發生關
係外，其餘則全無連繫。

主席意見：

1. 海軍總部於戰事結束後，仍要軍政部支修理兵艦費
   十二億元，因非急要，無法請准，不能轉出。

2. 毛邦初呈准委員長請以敵人賠款之一部建設空軍，
   此與預算關係極大。

二、侍從室報告

1. 委座近來極注意新疆問題，請注意通信、交通、補
   給三事。

2. 新任侍從室商主任，明日下午四時接任。

三、軍令部報告

（一）書面

　　1. 在華日僑財產處理，正與美方商討中。

　　2. 各警備司令在受降期內，一律歸受降主官指揮。

　　3. 已請美方協助，掃除沿海水雷。

　　4. 蘇方接濟新省叛匪，已由外交途徑提出交涉。

（二）口頭

1. 接受越北敵軍投降，委員長決定，除收繳武器、物資及管理俘虜外，關於供應、行政、運輸、幣制等，概由法方派員在我軍事長官指揮之下負責辦理。

2. 委座雖已宣言允許外蒙獨立，但劃界問題尚未確定，為將來國防安全計，應預作最理想與最低限境界之研究，以為將來交涉之根據。

3. 已定五二及九三兩軍開赴東北，在海防上船，大連登陸，十二月中旬始能到達。委員長令速辦理，美方允協助海運，至陸運現尚不能計劃，須視鐵道線控制情形後始能決定。預計以五個軍為基幹，始能控制津浦、平漢、北寧三線。

4. 東北防寒服裝，重請軍政部早為準備。

5. 指揮機構應加調整，目前三、一五、二五、二八、三一、三二、三五、三八計八個集團軍均僅指揮一個軍，如總司令有職務另調，即撤銷其單位。又戰區、方面軍，同理亦應調整。

6. 別働部隊紀律最壞，已電何總司令、各戰區及徐司令，嚴加約束有關機關，應速確定有效辦法。

軍需署陳署長報告：

東北及華北防寒衣服，就河北辦理，已無問題。

主席意見：

1. 新省匪情緊急，後勤部應撥汽車三百輛，以期供應圓活。

2. 外蒙獨立後之劃界問題，另行開會，專門商討。

3. 委員長對開赴東北之部隊，注意兩事：一、需要裝備
何種武器？二、如何迅速運輸？應分別妥為速辦。

4. 北方防寒軍服，現正籌備中，聞糧食極少，應商糧
食部發給代金，早為兌出，預行購辦。

5. 部隊開赴華北運輸，即由三、九兩戰區以寧漢為基
點，逐步向北推進，並令各戰區，先佔領交通線，
奸匪擾亂，自應予以綏靖。

6. 別働部隊應責成戰區負責整理，在指定地點集中，
對於整理，亦應規定辦法頒行，未屬戰區者則撤銷
之，報請委員長核奪。

四、軍政部報告

（一）軍區建立計畫案（吳主任）

　　1. 方針：一、確立軍政系統，二、簡化地方軍事機
構，三、適應國防設施，四、實行軍民分治。

　　2. 劃區：除遼、吉、黑、新四省各設三個軍區，
陝、甘、川、滇、粵五省各設二個軍區外，其
餘每省一個軍區，共計四十二個軍區，業奉委
員長核准。

（二）閩省城防工事工料費決定案（方署長）

　　參政員康紹周等詢問閩省城防工事徵工徵料均未
付費，請軍政部答復，查數字龐大，且逾時甚久，擬
不追發。

（三）還都後軍用通信整理辦法案（方署長）

　　首都各軍事機關之軍用電話及無線電台，統由軍政
部辦理，禁止自架電話及設無線電台，已簽呈委員長核

示，將各軍事機關、各省設置之通信機構撤銷。

（四）處理偽軍意見（方署長）

　　本案奉委員長交辦，已擬辦。

（五）裁撤軍事教育單位案（方署長）

　　軍事教育單位，須續裁撤；至保留者多，應分別緊縮。

（六）游擊部隊餉款案（陳署長）

　　游擊部隊，頭緒甚多，紛紛請款，無法統計查考，請軍委會及軍令部列表統計通知，以作根據。

林次長報告：

管訓戰俘，已擬有計劃，應請政治部參加，協助工作。

主席意見：

1. 城防工事費用，各戰區均有，政府事實上無此鉅款支付，婉覆康參政員等之詢問。

2. 首都軍用通信，為求靈活經濟，必須統一；又電話機過舊，應掉換新式機器。

　使用軍用電話，應加限制；二戰區請在重慶設置無線電台，依法不能允准。

3. 凡未經委員長令准之游擊部隊，一律不予承認；處理偽軍意見，第一條先作，其餘尚須研究。

4. 各軍事教育單位，即如所擬簽呈委員長一律撤銷，至編餘人員優待問題，本席已決定數項原則：

　(1) 一律入軍官總隊。

　(2) 接收編餘之軍官佐，功績在未編餘者之上，待遇應相同或更為優越。

　(3) 失業軍官，亦予收容，惟待遇應酌行折扣。

(4) 銓敘廳注意，編餘軍官，落伍及老大者，從優給
　　費，辦理退伍。又軍區成立時，即在編餘軍官中
　　選派。

(5) 各單位主官被請求安置失業人員時，一律送軍官
　　總隊。

(6) 將來設置六個管理鐵道之線區，即派用編餘軍官。

五、後勤總部報告

（一）新疆供應問題（端木副總司令）

　　西北補給區儲存彈藥有一千八百萬，照理應由該區
按級補給，此次竟有直接急電後勤總部請求情形，當因
連絡不確實，現已應急撥運中。

（二）於中印油管問題（郗參謀長）

1. 中印油管，十一月一日起停止輸油，保管人員美
　　方官兵計千人，另有十七個工兵營，經常修理公
　　路及油管。現望我方接收，否則破壞（因保管費
　　大，且由海口進油較為經濟，擬不接收）。

2. 中印空運，十二月上半月停止。

3. 十月底以前，將移交我方軍車一萬八千餘輛，但
　　史迪威公路運輸效率低，故在印緬接收之物資，
　　應先行集中加爾各答，再改從海運；惟散布西南
　　物資約十萬噸，仍須車運，故油管須保持三至四
　　個月，應與美方交涉借用並向美國油商訂約，繼
　　續輸油。

主席意見：

1. 供應新疆部隊，先將一戰區之汽車立即撥用，另行

補撥。

2. 關於接收印緬物資，軍政部已簽呈委員長請派大員統一主持。

3. 油管將來繼續使用，似不經濟，但對於必須由公路運回之物資，將其數量、需油、時間、確切計劃，以定交涉保留時間。

4. 西南運輸困難，雲南所存布疋，似可就地變賣，軍需署詳細計劃，簽呈委員長核定。

六、撫卹委員會報告

（一）請將增加卹金及配發公糧辦法提前實施案

本案業交軍政、糧食兩部辦理，傷殘官兵及遺族渴望甚殷。

（二）川康出征軍人特多，還都後，特別成立撫卹機構，辦理川康撫卹。

（三）勝利卹金發給範圍，擬只發給陣亡將士遺族，使金額增高。

（四）請軍務署協助清查收復區陣亡將士之遺族，以便開始撫卹。

主席意見：

1. 停止徵糧省份甚多，配發公糧辦法，應簽呈委員長核示。

2. 關於各省設撫卹處一事，將來即由軍區辦理，似不必另設機構。

3. 委員長手令慰問遠征傷殘將士，應速辦，軍需署即協助辦理外匯。

七、軍政部林次長報告

軍法執行總監部及兵役部以戰事結束，簽呈委員長請予撤銷，奉交軍政部核議。

軍令部劉次長意見：

審判漢奸，事務繁多，軍法執行總監部應予保留。

銓敘廳錢廳長意見：

軍法執行總監部撤銷後，另由軍政部恢復軍法司，可主辦漢奸審判。

主席意見：

原則上凡因戰事而特別獨立成立之機構，均應裁併，預期年底以前實行，所有此種單位，應預作準備。至如何作有計劃之裁併，應另行召集會議討論。

八、主席臨時提出意見

1. 收復區公私各項接收，委員長已核定辦法，指定各戰區司令長官及各省高級官吏負責，各部派員接收其經管事務均可，但須受何總司令指揮。
2. 委員長極注意部隊開赴東北之運輸問題，希有關單位須切實注意。
3. 搭乘飛機赴收復區，應嚴格限制。
4. 文武待遇一致，軍政部當盡可能，望提早實現，以期改善軍人生活。
5. 收復區之交通接收，關於汽車者，應組織汽車兵團前往，目前赴收復區之人員，應以交通人員先往為最要。
6. 先運軍隊抑先運憲兵進入收復區，請軍令部研究決

定，本人以為先運軍隊為宜。

九十二軍應儘早運赴北平。

軍事委員會聯合業務會議
第四次會議紀錄

時　　間：三十四年九月十七日下午四時至六時五十分
地　　點：軍令部兵棋室
出席人員：辦公廳　　　賀國光　周亞衛　劉祖舜
　　　　　侍從室　　　趙桂森
　　　　　行政院　　　徐道鄰
　　　　　軍令部　　　劉　斐　張華輔　張秉均
　　　　　　　　　　　方　昉　侯　騰　謝連品
　　　　　軍政部　　　林　蔚　吳　石　方　天
　　　　　　　　　　　陳　良　陳春霖
　　　　　軍訓部　　　劉士毅
　　　　　政治部　　　袁守謙
　　　　　兵役部　　　徐思平
　　　　　後勤總部　　端木傑　郗恩綏
　　　　　航委會　　　周至柔
　　　　　撫委會　　　吳子健
　　　　　憲兵司令部　張　鎮
主　　席：軍政部陳部長
紀　　錄：張一為

會議經過
一、辦公廳提案
（一）「軍事復員委員會」之組設案
　　　依〈復員計劃〉之規定，為統一指導軍事復員業

務,可否先期組設「軍事復員委員會」(附組織規程,
本紀錄略之)。

(二)「交通巡察處」處理原則案

擬定處理原則三項(巡察庭撤銷時期,部隊整編,
官兵退役),請公決。

辦公廳賀主任意見:

此機構應行廢除,今後入法治時期,關於交通檢查,軍事
由憲兵,普通由海關負責,不宜再有其他機構。

後勤總部端木副總司令意見:

交通巡察部隊,人員複雜,應行編併,今後軍政部對鐵
道護路部隊,宜用正規部隊改編。

(三)防空機構調整案,其要點如次:

1. 主管防空之機構,由防空總監部改編,各省市
   之防空機構,隨軍區之設立移轉歸併,編餘人
   員,照退役官兵安置計劃辦理。

2. 各省市防空機構之移轉歸併,因不明軍區何時設
   立,在軍區未設立前如何處理?

3. 防空學校,軍政部已下令撤銷,可否移回南京後
   再撤?免隨校入川之職員及眷屬流離。

航委會周主任意見:

防空部隊,應確定究為何種兵種?世界無獨立之防空兵
種,至防空部隊之編組原則,四公分以上之大口徑高射
炮部隊,宜獨立編成都市防空部隊,四公分以下之小口
徑高射炮部隊,宜一律編併於陸軍部隊內。

辦公廳賀主任意見:

將來鄉村電氣通訊發達,防空情報可以利用,不必特組

機構。

主席綜合意見：

1. 依照林次長之意見，軍事復員委員會之業務，可併入聯合業務會議辦理，應不設立；又劉次長謂星期四本會之會報可取消，併入聯合業務會議辦理，應照辦。

2. 今後軍民分治，憲兵司軍人之糾察，警察司民眾之糾察，不宜另有其他機構，請軍令部研究巡察部隊之整頓辦法，宜分別集中，由當地之高級指揮官負責，不另設指揮機構，將來即併入整軍範圍內一併辦理。

3. 防空機構調整問題

   (1) 國防軍之兵種，應僅有陸海空三種，不宜再有其他兵種，防空部隊，自應屬於陸軍範圍。

   (2) 中央防空機構仍獨立設置與否？候呈請委座決定。至防空部隊一律歸軍政部調整，即如周主任之意見辦理。

   (3) 防空機構之編餘人員，其待遇應與陸軍編餘人員同，以故防校無論在何處撤銷，原無關係。

二、軍令部報告

(一) 中美聯合參謀會議，美方協助運輸部隊計劃大要：

運輸種類	運輸部隊	起運點	到達點	開始日期	完成日期
空運	新六軍	芷江	南京	九月四日	十月十日
	九四軍	柳州	上海	九月八日	十月十日
	九四軍	上海	天津	十月十日	十一月五日
	九二軍	漢口	北平	十月十日	十一月五日 或以火車運輸
海運	十三軍	九龍	大連	十月一日	十月二十三日
	七十軍	寧波	基隆	十月十二日	十一月二日
	六二軍	潮州	高雄	十一月一日	十一月十五日
	五二軍	海豐	大連	十一月十五日	十二月十五日
	八軍	九龍	青島	十二月八日	十二月三十日

　　輸送時間有提早之可能，北方防寒服裝，應提早完成準備。

（二）香港港口利用，應速向英方交涉，早獲允諾。

（三）河西布防狀況：

　　委座飭速籌劃，正簽請核示數點：

　　1. 以一戰區之裝甲兵第二團開至玉門，以九一軍挺進至嘉裕關外，維持後方交通。

　　2. 河西部隊，每師擬充實一個騎兵團。

　　3. 封凍前完成預訂修築之公路三條，並築玉門工事。

　　4. 酒泉、玉門、安西三處，於十月底前屯足供河西、新疆部隊三月之糧秣。

（四）新疆綏靖部署（正簽呈委座核示中）

　　1. 令四一軍向哈密推進，維持交通，並空運一戰區之一個團至迪化增援。

　　2. 空運基地，已移至哈密。

　　3. 運輸補給，至為重要，西北公路局應增加車輛；又蘭州、迪化間，應架設雙銅話線。

後勤總部端木副總司令意見：

玉油不適於戰車之用，故裝甲兵第二團移至玉門，油料特須注意。

航委會周主任意見：

轟炸機所需油料極鉅，此種油料，西北無著，輸送又大非易事，故派遣飛機參加新疆作戰，或空運一個團至迪化，因油料關係，殊不可能。

軍政部方署長意見：

河西工事，原定六月份動工，現已封凍，工事尚未著手，水泥亦尚在途中，責任屬誰？是否應予追究。

（五）廣州行營由第二方面軍司令部兼辦，不另設人員。

（六）佔領越南仍照原定計劃，以四個軍及三個師開入。

（七）令二〇八及二〇九兩師集中福州、廈門，準備於必要時向台灣輸送。

（八）提前完成抗戰戰史初稿及「戰史編纂委員會」改進方案（詳書面，本紀錄略之）。

主席意見：

1. 關於河西布防及新疆綏靖問題，由軍令、軍政、兵役三部及後勤總部明日上午九時開會專案商討，擬訂辦法；至剿匪部隊之編制，應行調整充實。

2. 關於戰史編纂，加強機構，增加經費，自屬必要，希詳細計劃，切實辦理。

三、軍政部報告（軍務署提）

（一）將各地因戰事而增設之警備司令部及守備區指揮部予以裁撤者，計二十六個（如所附附表，本紀錄略之）。

（二）擬裁併戰時增設之機構

　　1. 本會及軍政部擬裁減之單位如提案之附件一、二（略）。

　　2. 後勤總部所屬之機構，由該部擬訂裁減辦法。

侍從室趙組長意見：

委員長令戰地服務團擔任招待京滬一帶之盟軍，外事局未負責任，故裁撤該團，須考慮此點。

後勤總部端木副總司令意見：

衛生大隊在原則上應行裁撤，惟須商軍醫署，在適應目前軍事情況之下，訂實行裁撤之先後次序。

（三）訂三十四年甲種軍師編制為平、戰兩時之編制，擬訂方案兩種（如所附附件，本紀錄略之），請公決。

主席意見：

1. 各戰區、各省之警備司令部及守備區、指揮部應裁而尚未裁者仍多，應再查出，即行裁撤。

2. 戰時增設之機構，應加緊裁撤；

　　(1) 明年度預算全部當緊縮為四百萬人，現尚有五百萬人，在此三個月內應再裁減百萬人。

　　(2) 所擬裁減單位原則上完全同意，惟實施時間及次序，由各單位斟酌，統限於三個月內裁完。

　　(3) 各戰區黨政總隊，一律裁撤。

3. 修改編制，應由軍政、軍令兩部及後勤總部會議，
　專案討論並確定目前仍應保持戰時編制及應即行改
　為平時編制之部隊，以便實施。

四、兵役部報告

（一）擬訂兵役機構編餘軍官佐送軍官隊受訓辦法，
　　　請公決。

　　1. 由各軍區考核優者逕行送訓，劣者資遣，請軍
　　　政部通令各軍官隊收容。

　　2. 在各軍區考核送訓期間，所需經費，由軍政部
　　　另發。

（二）兵役部現雖有補充團一四二個，官兵共有三十
　　　二萬左右，除幹部、雜兵、病弱者外，可撥補
　　　之新兵僅約十五萬人，均已完全配撥，正在撥
　　　送中。

（三）徵兵停止，而部隊缺額尚需補充，現正籌畫募
　　　集志願兵辦法，以資補充。

（四）兵役部對優待實施及兵役法令修改，正在辦
　　　理中。

主席意見：

1. 新兵能實際撥補者，應即行撥出，軍令、軍政兩部
　會同查明確應補充新兵之部對，通知兵役部辦理，
　本人意見年底前，補充部隊官兵僅能保有三萬人，
　其餘分別完成資遣與安置。

2. 全國現有師區九一個，軍區成立時，即當調整改組。

3. 籌募志願兵辦法可緩行。

五、主席臨時提出意見

（一）明年之整軍原則已確定，如歐美編制之重裝師
　　　三十個，輕裝師（如阿爾發及駐印部隊之裝備）
　　　六十個，成為三分之一與三分之二之比例。
　　　完成此項編制，需車輛十萬、迫擊砲八千門，軍
　　　政部正與美軍總部研究計劃，表式有一百六十種
　　　之多。

（二）今日復員空氣滿佈全國，其實抗戰中根本未曾
　　　做到動員，故戰後首須切實研究動員。

（三）在華日軍約一百三十萬，如何遣回日本，須動
　　　員交通辦理。

（四）偽軍如何處置？必須在原則上合理確定，一般
　　　以為因國內政治情勢而可寬容偽軍，本人主張
　　　國防軍應不准有偽軍軍官一人參加，縱使曾有
　　　效力祖國者，全其生命，已屬寬大，望全國普
　　　遍樹立此項觀念，不然何能對抗戰死亡將士？
　　　何能言建軍。

（五）委員長對安置編餘軍官，異常注意，其實所擬
　　　辦法已多，貴在如何實施方稱適當，本人以為
　　　建國工作之首要，全在交通，故對綏新鐵道之
　　　構築，隴海鐵道之延伸（天水、蘭州、新疆），
　　　甘川滇（天水、成都、昆明）及陝川黔桂（西
　　　安、重慶、貴陽、柳州）兩線鐵道之接通，利
　　　用兵工建築，利點甚多：
　　　1. 編餘官兵有所安置；
　　　2. 修通動脈，奠定建國之基礎工作；

3. 東北年產鐵三百七十萬噸，可獲得銷路，維
   持生產。

曾詢問若干將領，均願作此工作，又面報委員
長，亦蒙贊同，並囑擬定計劃呈核。

軍事委員會聯合業務會議
第五次會議紀錄

時　　間：三十四年九月二十四日下午四時至七時

地　　點：軍令部兵棋室

出席人員：辦公廳　　　賀國光　劉祖舜

　　　　　侍從室　　　趙桂森

　　　　　行政院　　　徐道鄰

　　　　　軍令部　　　劉　斐　張華輔　張秉均

　　　　　　　　　　　鄭介民　廉壯秋　謝連品

　　　　　軍政部　　　吳　石　郭汝瑰　陳春霖

　　　　　軍訓部　　　徐文明

　　　　　政治部　　　袁守謙

　　　　　後勤總部　　端木傑　郗恩綏

　　　　　撫委會　　　吳子健

　　　　　憲兵司令部　張　鎮

主　　席：軍政部林次長

記　　錄：張一為

會議經過
一、主席提議
（一）偽軍之給養與待遇如何規定。

（二）在受降區域內之日僑如何處理。

（三）日本戰爭罪犯名單，我國如何提出。

（四）行政院對軍事復員計畫有無修正，若有修正，請
　　　早告知如何修正。

軍令部劉次長意見：

1. 偽軍指揮系統，軍令部已決定原則，游擊、挺進等非正規部隊，軍令、軍政兩部已會擬處理辦法簽呈委員長核示。

2. 敵僑應一律送回日本，可索取美軍總部第五處（專管敵僑處理）所訂辦法參考。

3. 日本戰爭罪犯名單及漢奸懲治，我國尚未辦理，外人及輿論均表詫異。

4. 我國對戰俘尚未過問，國際觀感欠佳。

軍政部軍務署郭副署長報告陸軍總部處理偽軍辦法：

1. 已有名義者規定隸屬系統，尚無名義者指定收編地區。

2. 所有收編偽軍，一律查對偽軍委會冊籍，不准增編，並指定駐地。

3. 規定給與及起餉時間，並受權戰區於九月二十五日前點驗完畢。

主席綜合意見：

1. 偽軍待遇，整編後給舊給與，未整編時仍須有給與，以便整飭紀律，但只單給給養。

2. 處理受降區之日本僑民，參照美方之辦法。

3. 日本軍事戰爭罪犯檢舉，由軍令部第二廳召集有關機關會議決定後向外交部提出。

二、辦公廳報告

（一）防空機構調整案

根據上次聯合業務會議決定原則，十八日召集有關機關商討補充若干原則（詳防空機構調整會議記錄，茲

略之），本日請作具體決定。

　　美軍總部高射炮官林色爾上校向防空總監部所提之備忘錄（略），可供調整防空機構之參考。

1. 中央防空機構（防空總監部）改為防空處，隸軍政部。

2. 各省市防空司令部縮小為防空科，併入軍區（首都設防空科，屬衛戍總部），在軍區成立前暫隸保安司令部。至防空指揮部及情報分所一律裁撤，情報所暫行保留，監視隊哨官兵減少，併入鄉村電話管理所。

3. 防空部隊三公分以上口徑之火炮直屬中央，隸於軍政部；三公分以下口徑之火炮（但來茵式除外），配屬於野戰部隊內。

4. 防空學校改組案，計分兩案，一主保留，力求縮小，改隸軍政部；一主裁撤併入炮校設科辦理。

主席綜合意見：

1. 防空機構及防空部隊（如行政歸軍政部，指揮歸航委會，監督權責不明，部隊流弊甚多），統歸空軍辦理。

2. 地方防空機構即如原案辦理。

3. 防校併入炮校，原則上同意，但歸併時間尚應考慮。

以上各點簽呈委員長核示。

（二）復員官兵安置委員會案

　　「六中全會」決定設置「復員官兵安置委員會」，「國防最高委員會」令行政院與軍委會會商實施辦法，但復員計畫內有「抗戰官兵安置卹助委員會」之擬議，

直屬行政院。名稱如何確定？究在何時成立？

主席綜合各方意見：

1. 安置復員官兵牽涉廣泛，須有一個統一機構負責，
   至於名稱如何無關重要。

2. 行政院僅能提出推動辦法，軍政部應將應安置官兵
   數目、安置處所（交通、農林、水利等）及分配訓
   練等詳細辦法，加以研究擬定。

三、軍令部報告

（一）收復區交通警備案

　　對收復區之交通警備，規定原則數項，細部辦法由
戰區（方面軍）規畫。

1. 機構：駐軍天然負有警備交通之責，不另設警備司
   令部。

2. 職權：由戰區（方面軍）規劃，飭依軍隊區分之各
   部隊分任警備。

3. 區域劃分：基於軍事區域劃分，實況分區警備。

（二）警備機構隸屬問題

　　各地警備司令部歸軍政部管轄，至警備總司令部，
由何機關主管？

軍令部劉次長意見：

1. 警備總司令部在受降剿匪期間，屬軍令部管轄，較
   為適當。

2. 軍政部已發表若干要塞司令，其實沿海如吳淞要塞
   已無存，似應考慮。

主席意見：

1. 軍令部所提意見甚是，軍政部對收復區交通警備亦有
   提案，應一面報告委員長，一面通令各戰區（方面
   軍）對收復區不得自行委派或請求委派警備司令。
2. 警備總司令部歸軍令部主管。

（三）河西防務及新疆剿匪部署

　　本案業經簽請委座核准，並已分別辦令，承辦各單
位是否能依照辦理，請提出意見。

1. 河西方面
   (1) 令九一軍向酒泉以西推進。
   (2) 以一戰區之裝甲第二團抽派輕戰車一營（二十一
       輛），十月中旬開至玉門，工兵第三團十月以前
       開至玉門構築工事，並協修公路。
   (3) 預定修築之公路三條，橋灣至公婆泉，限十月底
       前完成；馬連井子至明永及酒泉至三塘壩，限年
       內完成，正請撥發九億餘元之欠發經費。
   (4) 請增公路局新車百輛，十月中旬到達蘭州。
   (5) 於酒泉、玉門、安西三處，十月底前屯儲足供河
       西、新疆部隊三個月之糧秣。

2. 新疆方面
   (1) 四二軍向哈密推進。
   (2) 完成迪化附近工事。
   (3) 由後勤總部撥車百輛，十月中旬到新。
   (4) 組訓民眾，由軍政部發步槍千枝。
   (5) 防寒服裝應速備就。

後勤總部端木副總司令意見：

1. 輕戰車能用玉油，開往始有用。

　據軍令部答：能用玉油。

2. 河西屯糧須問明二點

　(1) 數字若干請明確指示，當地部隊編制數字與實際
　　　數字相差甚大。

　(2) 迪化以西須就地採購，河西雖屯有糧秣，交通工
　　　具缺乏，無法運往迪化。

軍令部張廳長說明：

所令屯儲糧秣，即運往新疆也。

（四）軍政部陳部長手諭三項之報告（第一廳）

　　1. 撤銷第二方面軍成立廣州行營案

　　　查軍令部已辦令廣州行營即由第二方面軍司令
　　　部兼辦，行營組織龐大，擬從緩成立。

　　2. 粵桂江防佈雷總隊撤銷案

　　　擬俟粵桂各江水雷掃除後，始行裁撤。

　　3. 戰防炮五十二團撤銷案

　　　擬以營為單位，撥歸第一、第十二兩戰區，編
　　　入成績優良之軍。

軍事委員會聯合業務會議
第六次會議紀錄

時　　間：三十四年十月一日下午四時至七時半
地　　點：軍令部兵棋室
出席人員：辦公廳　　賀國光　劉祖舜
　　　　　侍從室　　趙桂森
　　　　　行政院　　徐道鄰（黎　琬代）
　　　　　軍令部　　張華輔　張秉均　侯　騰
　　　　　　　　　　李樹正　謝連品
　　　　　軍政部　　林　蔚　吳　石　方　天
　　　　　　　　　　嚴　寬
　　　　　軍訓部　　劉士毅
　　　　　政治部　　張治中　袁守謙
　　　　　後勤總部　端木傑　郗恩綏
　　　　　航委會　　周至柔
　　　　　撫委會　　吳子健
　　　　　銓敘廳　　錢卓倫
主　　席：軍令部徐部長
紀　　錄：張一為

會議經過
一、辦公廳提案
（一）復員計劃呈核案（劉組長祖舜）
　　　復員計劃已批回，飭交各機關會同有關機關，參照
實際情形修正實施，賡即令行各單位遵照。

（二）整理檢併本會會報案（劉組長祖舜）

本會會報過多，星期一有聯合業務會議，星期四有軍事會報，星期五有事務會報，另有最高幕僚會議，似可整理減併，以省時間，提請公決。

辦公廳賀主任意見：

星期五之事務會報取銷，併入星期一之聯合業務會議舉行，以軍事行政及一般事務為主，並兼辦軍事復員委員會之業務，因事務繁多，每次會議時間不免過長，應如何研究規定，提高會議效率。

主席綜合各方意見（決議）：

1. 所謂聯合業務會議，實即會報方式討論各種業務之實施原則。

2. 星期五之事務會報取銷併入星期一之聯合業務會議辦理，以軍事行政及一般事務為主，由軍政部主持。
   最高幕僚會議取銷，併入星期四之幕僚會議（原為軍事會報）辦理，以綏靖業務為主，由辦公廳主持。

3. 此後本會僅有每星期兩次會議，即星期一之聯合業務會議，及星期四之幕僚會議兩種，原則上同意，由辦公廳與軍政部將兩種會議性質及應出席人員，會同詳確規定，提付下次會議討論。

二、侍從室報告（趙組長桂森）

委員長侍從室至九月底取銷，分別改組為國民政府文官處之政務局及參軍處之軍務局，惟人員及辦公地點，並無變更，以後各單位呈送公文，仍照舊，但改送軍務局。

航委會周主任意見：

侍從室取銷後，各單位行文，似應確定體制問題，因只能直接呈委員長，不能越級呈主席，究應如何確定，請研究。

決議：

（一）關於公文送達地點及政務、軍務兩局之業務劃分，均請通知各單位。

（二）各軍事單位行文，一律稱主席兼委員長蔣。

三、軍令部報告

（一）對韓國越南之指導案（第一廳）

以後派遣顧問及代表等處理或指導韓國及越南之軍事事宜，應由一個機關統一負責，並須減少友邦刺激，名義以小為原則。

決議：

1. 派遣顧問代表等，以用連絡名義為原則，不用顧問團名義，以減少國際之刺激。

2. 過去對韓國之軍事指導工作，由辦公廳主辦，即簽呈委員長核准，全部移交軍令部辦理。

（二）綏靖部署案（第一廳）

1. 綏靖部署（略），正呈請委員長核示中。

2. 請後勤機關對適應綏靖部署之補給工作，妥為準備。

（三）成立川黔湘鄂邊區綏靖主任公署案（第一廳）

奉委座手諭，以潘文華為川黔湘鄂邊區綏靖主任，並飭率五六軍及新十七師移防川東，惟有待討論決定者

數點：

1. 傅仲芳之三省邊區清剿總指揮部，為避免機構重複，多耗經費計，似應於新綏靖主任公署部署完成後撤銷，傅仲芳可調為綏靖副主任，綏靖主任公署，應儘先安置清剿總部之編餘人員。

2. 轄區可同業經撤銷之原川黔湘鄂邊區綏靖主任公署轄區劃定之。

3. 綏靖主任公署地點，原定酉陽，可否再為推進？

4. 派隊接替成都防務辦法（略）。

決議：

綏靖主任公署宜設秀山，餘照原意見辦理。

（四）挽留突擊總隊美籍教官案（第一廳）

昆明防守司令杜聿明電請挽留突擊總隊美籍教官繼續訓練，否則請將訓練器材留交我方自行訓練，尚待與美方交涉，始能決定。

（五）新疆剿匪案（第一廳）

朱長官交張部長攜回新疆剿匪意見十一項，經簽呈委座核示，奉批如擬，惟此仍屬原則上之決定，細部實施辦法，尚待確定，其主要意見如次：

1. 請空運一個師及裝甲部隊至新疆。

前兩次會議即已討論，因無汽油，不能實行。

2. 加強現有部隊之火力及汽車化與騎兵化之動力。

加強騎兵化一層，已請軍政部辦理。

3. 請派飛機參加戰鬥提高士氣。

前兩次會議即已討論，因無汽油，不能實行。

4. 應發給在嚴寒及沙漠地帶作戰所需之裝備。

此層七月份已請軍政部辦理，不知辦理情形如何？

5. 因須組織地方武力，請發械彈。

已請軍政部發步槍千枝，現要求增發一千枝。

政治部張部長報告：

1. 新疆問題，多以為關鍵純在政治，只要外交工作成功，一切問題即告解決；據本人所見，實應以軍事為主，軍事有辦法，其他問題即可無慮，此層請軍令、軍政兩部注意。

2. 新疆地理多沙漠，冬季氣候嚴寒，軍隊裝備，應改良合用，換言之，應從新製發實用之被服裝具。

3. 目前增援新疆，有兩大原則，第一增加動力，充實摩托裝備，第二增加火力，充實自動武器及炮火配備，不在增加人員，徒增供應負擔。

4. 新疆十月中旬即已封山（積雪不能通行之謂），現已接近嚴寒，糧秣補給，應即行補充，備將來數月之用。

後勤總部端木副總司令報告：

新疆補給，不外四項，一飛機用油，二汽車用油，三糧秣，四彈藥，四項皆繫於交通工具之運用如何而定。最近需要之汽車，後勤總部派往之二百輛，均可如期到達；又查西北存儲械彈已多，可無問題；惟該方面之運輸，係由朱長官全權負責指揮調度，軍政部及後勤總部不便過問。

航委會周主任報告：

派輕轟炸機及空運部隊增援新疆，目前飛機全無問題，惟是否有車將油由西南運往西北，飛機油國內無有，尤

為根本困難問題（美方現每月供給我方兩三百噸之飛機汽油，目前數十架運輸機一月即需汽油一千噸，差數已極大）。

軍政部林次長報告：

新疆剿匪，軍政部所應辦者為增加汽車，補給糧秣械彈，刻已分頭辦理；至補充馬匹一項，因新疆為產馬地，自以由部隊就地自行購買，由軍政部發給價款為適當，業經令飭辦理；至防寒被服，劉局長迭次來電，均云已有辦法，可不必顧慮。又補充兵運往新疆補充，全不得用。軍令部若能籌劃調一師或兩師前往，取銷在新一兩個師之番號作建制性之補充，較合實際。

（六）接收東北準備案（第一廳）

　　1. 接收前之情況報告（略）。

　　2. 請軍政部對服裝、糧秣（南方士兵開往，須準備大米）、彈藥等，妥為準備，尤以防寒被服，務期能合適用。

軍政部林次長報告：

關於防寒服裝臨時製備，軍政部已竭各種方法，因產地均在北方，為數復多，現尚不敢斷定有把握，詳細情形於下次會議時由主管署報告。

（七）軍事消息如何防護秘密案（第二廳）

　　新聞檢查制度取銷，今後報紙發佈軍事秘密消息，如何防範取締？

四、軍政部報告（軍務署）

（一）戰時前方部隊之胸臂章，通用代名，擬決定今後

軍以下通用符號、集團軍以上證章，請公決。

決議：

照原意見辦理。

（二）新軍服制式已蒙委座核准，從明年元旦日起改著
新者，但舊有服裝，仍可著用。

五、軍訓部報告

軍訓部所屬學校之裁減辦法（略），請公決。

本案軍政部已根據歷次會議所定原則，擬訂裁減辦
法，簽請委員長核示矣，未付討論。

六、政治部報告

茲擬訂教育日本戰俘計劃（略），提請公決。

決議：

由政治部明日十時召集軍令、軍政兩部開小組會議，研
擬管訓組織、管訓辦法及管訓經費各項，向中美會報提
出討論。

軍事委員會聯合業務會議
第一次至第六次會議待辦事項檢討一覽表

會議 次數	提出單位與會議案目	決議或指示 辦理事項	檢討事項
第一次	主席提： 派赴台灣二○八及二○九兩師之裝備配備案	主席指示： 軍政部應設法充實	軍政部軍務署、兵工署辦理情形如何？
	主席提： 派赴日本、台灣軍隊之服裝製備案	主席指示： 一、服裝應從新製發質材較好者； 二、皮鞋、軍帽，應改良樣式，並須準備皮鞋五十萬雙	軍政部軍需署辦理狀況如何？
第二次	侍從室提： 委座少批閱公文，各單位呈來而尚未批閱者甚多案	主席意見： 請侍從室將積存尚未呈閱之公文，清出退還各單位自辦	侍從室清理退還各單位否？
	兵役部提： 補充部隊官兵，年底前逐漸減至二十四萬人案	主席意見： 保留兩三萬人為度（第四次會議復同樣表示）	兵役部訂出整個裁減計劃否？及辦理情形如何？
第三次	軍令部提： 東北防寒服裝，請預為準備案	軍政部軍需署意見： 防寒服裝，就河北辦理，已無問題	一、軍令部應提出數字究有若干？ 二、軍政部軍需署辦理現況如何？
	軍令部提： 我已允外蒙獨立，劃界應特別預為研究，作為將來交涉之根據案	主席意見： 外蒙獨立之劃界關係國防至鉅，應特別召集會議預行妥為確定	軍令部召集會議之準備情形如何？
	軍政部提： 康參政員等詢問閩省城防工事徵工徵料何以不發費用案	決議： 為時已久，且各省均有，數字龐大，勢難追發 主席指示： 婉復，由軍務署辦	軍政部軍務署婉復否？
	主席提： 編餘軍官佐之老弱及落伍者，從優給費，辦理退伍案	主席指示： 由銓敘廳擬訂辦法實施	擬訂辦法情形如何？

會議次數	提出單位與會議案目	決議或指示辦理事項	檢討事項
第三次	主席提：西南運輸困難，雲南存布宜就地變賣案	主席指示：軍需署即詳細計畫簽呈委員長核定	已詳細計劃否？及辦理情形如何？
	主席提：委員長手令慰問遠征傷殘將士案	主席意見：應速辦，軍需署協助撫委會辦理外匯	撫委會辦理情形如何？
	主席提：凡因戰事而獨立特別成立之機構均應裁併案（第四次會議軍政部復行提出）	主席意見：年底以前，一律裁完，應另行召集會議，作有計劃之裁併（第四次會議，復有同樣表示）	一、如何召集會議？（參加單位、時間）
第四次	辦公廳提：中央防空機構調整案	主席意見：中央防空機構獨立設置與否，簽呈委員長核定	第五次會議議決：「所有防空機構統歸空軍辦理」，當決定為獨立設置，似此則兩次會議結論不同，最後如何決定
	軍政部提：河西工事已逾限期，尚未構築，應行追究案	無決議與指示	是否應追究
	辦公廳提：交通巡察部隊裁撤案	主席意見；第一步請軍令部計劃分別集中整頓辦法，由當地之高級指揮官負責；第二步即併入整軍範圍內辦理	軍令部計劃辦理情形如何
	軍令部劉次長提：本會星期四之會報宜取消，併入聯合業務會議辦理案	全體同意	一、軍令部曾通知有關各單位知照否？二、查第六次聯合業務會議決議又有變更，即星期五之事務會報取消，併入星期一之聯合業務會議辦理，星期四之軍事會報保留，改名幕僚會議，最高幕僚會議取消，併入此項會議辦理三、四、六兩次會議結果不同，最後如何決定

會議次數	提出單位與會議案目	決議或指示辦理事項	檢討事項
第五次	辦公廳提：防空部隊調整案	決議：防空部隊統歸空軍辦理	第四次會議時主席曾表示：「防空部隊一律歸軍政部調整」，兩次會議結論不同，最後如何決定
	辦公廳提：防空學校調整案	決議：併入砲校辦理，何時併、如何併，請妥為確定	辦公廳已決定歸併時期及歸併辦法否？（如尚未辦，何時方決定？）
第六次	侍從室報告：侍從室至九月底止撤銷，改組為國民政府文官處之政務局，及參軍處之軍務局案	決議：關於改組後公文之送達地點及業務劃分，請通知各單位，以便送文及行文	已辦理通知否？
	軍令部提：新聞檢查制度取銷後，關於軍事秘密消息如何防護案	無決議與指示	對報紙防護軍事機密消息仍須注意，如何辦理？

軍事委員會聯合業務會議
第七次會議紀錄

時　　間：三十四年十月八日下午三時至七時

地　　點：軍令部兵棋室

出席人員：辦公廳　　　賀國光　劉祖舜　周亞衛

　　　　　參軍處　　　趙桂森

　　　　　行政院　　　徐道鄰

　　　　　軍令部　　　張秉均　鄭介民　方　昉

　　　　　軍政部　　　陳　誠　林　蔚　吳　石

　　　　　　　　　　　方　天　陳　良　郭汝瑰

　　　　　　　　　　　陳春霖

　　　　　軍訓部　　　劉士毅

　　　　　政治部　　　袁守謙　李俊龍

　　　　　後勤總部　　端木傑　郗恩綏

　　　　　航委會　　　周至柔

　　　　　撫委會　　　吳子健

　　　　　銓敘廳　　　錢卓倫

　　　　　憲兵司令部　張　鎮

主　　席：軍令部徐部長

紀　　錄：張一為

會議經過

一、辦公廳報告

（一）辦公廳主辦韓國光復軍事務移軍令部辦理案（劉
　　　組長祖舜）

　　根據上次會議決議，辦公廳簽呈總長將主辦韓國光
復軍事務移歸軍令部辦理，奉批「可」，準備下週即行
移交，軍令部接辦此案，請注意兩點：

1. 行文用私函，不用公文；
2. 近來韓人在我國內，紛紛組織團體，作各種活動，
　 應即通令各地黨政軍注意，凡未經我國承認之一切
　 韓國團體，一律不准活動。

軍令部劉次長意見：

1. 我國對韓不能單獨派遣軍事代表團，應與美方協商
　 辦理。
2. 韓國光復軍紀律不良，分子複雜，缺額極多，既領
　 用我經費，應加以約束整理。
3. 對韓國光復軍之態度，須先確定外交政策究竟是否
　 保留、扶助，抑或撤銷。
4. 請行政院擬訂對韓外交政策，呈委員長核定，再由
　 軍令部根據此項政策，確立對韓軍事政策；至韓國
　 光復軍之軍政事務，軍令部不便主辦，請由辦公廳
　 及軍政部負責。

辦公廳賀主任意見：

1. 韓國光復軍之費用，係租借性質。
2. 依規定韓國光復軍應受我國約束整理。
3. 請先將政策確定，再研究政策執行。

4. 辦公廳不能主辦韓國光復軍之事務，請由軍令、軍政
   兩部辦理。

主席意見：

1. 政府應指定一個機關向國際宣布成立韓國光復軍及臨
   時政府之年月日，表示在早期中，中國為謀協同韓
   國人士與敵奮鬥而贊助其有此兩項組織，非日本投
   降前後臨時製造，別有用心；此點須使國際了解。

2. 目前國際對韓問題，美國實居重心，我方宣佈態度
   後，再視其如何決定，萬一美方不予承認，亦可證
   明我國維護已盡最大努力。

決議：

由行政院召集會議，先決定對韓政策，再定執行方法，
至此項業務暫時仍由辦公廳主辦，以免銜接困難。

（二）勝利獎金發給案（劉組長祖舜）

　　曾經參加抗戰，目前閒散之人員，紛紛來會請求援
例發給獎金，似難悉置不理，茲擬具補充辦法五項，提
請公決。（原辦法略）

決議：

發給勝利獎金，軍政部軍需署已有明白規定，遵照實行
可也。

（三）本會會議會報整理案（劉組長祖舜）

　　根據上次會議決議，辦公廳即與軍政部會同擬具整
理辦法（略），提請公決。

決議：

1. 星期一仍照舊舉行聯合業務會報。

2. 保留最高幕僚會議，備有重大事件須行商討時，臨時

召集會議。

3. 本會除此會報會議外，不得再有其他會報會議。

軍政部陳部長意見：

除星期一之會報外，不必再有其他名目，即決定以後每星期只有星期一之一次會報，下午三時舉行，另有重大事件時，可召集臨時會議，使名稱簡單，步調統一。

（四）陝西省政府請撤銷該省各級民眾動員機構案（法制處周處長）

陝西省政府以戰事業已結束，該省各級民眾動員機構，擬予撤銷，電呈辦法六項請核案，擬復「准照辦」，是否可行，請公決。

決議：

電復暫緩撤銷。

二、軍令部報告

（一）京滬衛戍總部與淞滬警備總部之區域及權責劃分，電何總司令核辦具報。（書面）

（二）十三軍由九龍海運至大連案（書面）

約於雙十節前後開始海運，已電外交部轉知蘇方，並交涉接收事宜。

1. 代運十三軍由大連至瀋陽，並擔任輸送期間之警戒。

2. 與瀋陽蘇軍當局，保持密切連繫。

（三）偽軍統一運用案（書面）

電有關各長官，偽軍處理運用，全交何總司令辦理。

（四）與軍政部業務有關者

中美會報決定，十三軍海運大連，馬匹不能裝運，蓋改裝須時間一月，美方允另撥吉普車替代；且南方馬匹，亦不適宜於北方。

軍令部張廳長意見：

十三軍在大連上陸，與敵前上陸準備同，吉普車是否能足用。

後勤部端木副總司令意見：

十三軍海運，馬匹不能裝載，曾通知軍務署騎砲兵司辦理，不知計畫情形如何？

軍政部方署長說明：

以十一戰區之馬匹全數撥十三軍使用。

主席意見：

接收東北之部隊，如盡配車輛，若有作戰行動，非公路即無法動作，故馬匹配用，仍不可少。

（五）與軍政部海軍總部有關者

有三種復員計劃已批准，陸軍及海軍之分防計劃，俟敵偽投降之接收工作完結後始辦，至港塞整理計劃之實施，軍令、軍政兩部須商定辦法辦理。

軍政部林次長說明：

關於要塞之接收，軍政部擬先派員調查，是否有設要塞司令部之必要，再作決定。

（六）設置上海要港司令部案

海軍總部以上海海軍機關甚多，盟邦艦隊亦多泊此間，為統一機構並便與盟邦艦隊聯絡起見，請設要港司令部。查上海為商港，不具備軍港之條件，擬不准

設置。

決議：

不設。

（七）新疆剿匪問題

　　委員長對新疆軍事，最為重視；對河西方面，指示更須加強；又早經令飭開往河西之工兵團，現尚留陝境，若徒步前往，恐士兵私逃殆盡，改用汽車輸送雖佳，但是否可以指望？

後勤總部端木副總司令說明：

一切車輛到達蘭州，均被朱長官扣留，查撥歸其指揮之車輛，自應由其支配，惟在西北公路上往返之汽車須迅速來回，始能提高運輸效率，迭次電請釋放，均無效果，仍應令其放回，方為根本辦法。

（八）以空軍補充長治守軍彈藥案

　　閻長官以長治匪情緊急，望派飛機轟炸，並空運彈藥接濟守軍。

航委會周主任意見：

投擲彈藥，若汽油有著，當無問題，至空軍參加作戰一層，時間尚未成熟。

（九）佔領日本之部隊準備

　　中美商訂部隊派遣及準備辦法，主要事項，業經擬訂：

1. 派新一軍（三個師）為日本佔領軍。

2. 服裝整齊，且適日本氣候，質地呢料，部份皮衣，式樣照新規定。

3. 訓練精神及紀律均須良好，查新一軍訓練尚無問題，

至精神及紀律兩項，已令飭整頓，俾符要求。

4. 指揮官須能力優越適當，查能作戰者不一定適於佔領日本之用，已令飭調整，團以上主官、副主官、參謀長，以師為單位，須有一至二人熟習日本情形及精通日語者為宜。

5. 裝備須完整，查新一軍為美式裝備，現更加以充實。

6. 預訂在九龍上船，十二月下旬至明年一月上旬完成準備。

7. 本身之運輸工具，以車輛為宜，應予充實。

8. 憲兵擬配備一連或一營，由憲兵司令部準備；戰地政務人員，由軍令部核派；後勤及軍需人員，由軍政部核派；攜帶糧秣數，由後勤總部準備。

軍政部陳署長意見：

新一軍補充之裝具如何運至廣州？又東北防寒服裝運至何處發給部隊？如何運輸？請後勤總部決定。

（十）第一、第十、第十一，三個戰區，其中若干部隊行動遲緩，遺誤接收，有諉以交通工具缺乏，前進困難，已令飭加緊推進。

後勤總部郗參謀長報告：

各戰區接收日軍汽車已多，但均未呈報，故北方各軍使用汽車，自可利用，但若油料無著，亦屬徒然，兵站追隨部隊推進，以交通工具缺乏，不無困難。

（十一）武漢警備區劃分案

武漢警備區，為蒲圻、咸寧、賀勝橋、梁子湖南岸東岸、炭門湖南岸、草堂湖南岸、鄂城、黃崗、黃陂、孝感、漢川、新灘口、嘉魚之線，派十八軍擔任警備。

三、軍政部報告（軍需署陳署長）

（一）在北平所得冀省軍事情況報告（略）

（二）東北防寒服裝準備案

此次飛赴北平，清理日軍投降究可收繳之防寒服裝數目，除日軍已發給其官兵者外，剩餘存庫可交我方者，約可供我開往東北接收部隊需用量三分之二。

1. 冬衣褲六－七萬條；

2. 冬外套三萬三仟件；

3. 雨衣三萬件；

4. 防寒外套（蒙疆用）三萬件；

5. 防寒帽六萬三千件；

6. 防寒手套七萬六千雙；

7. 防寒襪五萬八千雙；

8. 面具四萬七千；

9. 毛線衣五萬件；

10. 長短靴萬餘雙。

此外，廠中尚有生羊皮四十萬，可做十萬件皮大衣，惟需時兩月始能製成，於事不濟。

曾電請傅長官代製，該方面僅能自給，惟有二萬雙棉鞋、棉襪可以濟用。

至於夏季服裝，品種甚多，數目亦無問題。

所差之防寒服裝約三分之一，已託蔣經國向蘇方交涉購買。

（三）糧秣

華北日軍約人十六萬，馬二－三萬匹，人糧可維持至十二月底，馬秣已發至十一月，庫存尚有四個月量。

四、政治部報告（李俊龍）

教育及管理日本戰俘計畫，現教育部門業與美方商訂計劃（教育日俘計劃，略），惟管理方面，美方主張由政治部組織管理委員會負責，抑或由軍政部負責，請決定。

決議：

教育部門，自應由政治部負責。

五、撫卹委員會報告

（一）收復省份之駐省撫卹處，應隨省府遷回省會，請軍政部發給遷移費。

（二）撫卹美國貝慈上尉事，應行速辦，請有關機關注意。

六、銓敘廳報告

抗戰勝利，官兵除發給勝利獎金外，並擬具頒發抗戰紀念章及抗戰勝利記勳表各辦法，呈奉委座核示，只對抗戰出力軍官佐屬發給抗戰紀念章案，是否遵照辦理，抑應申復，請公決。

決議：

遵委座批示，頒發辦法修訂。

屬軍政部辦理事項清理一覽表

事項摘要	篇頁	性質	承辦單位
韓國光復軍遣送回韓，李青天請求事項七點，其中有關經費事項三點，次長林指示盡量予以便利。	二篇一頁	軍政部會辦軍令部主辦	軍需署
華北自新軍十二個團，委座已批准延至九月底撤銷。 次長林指示： 本案由陸軍總部辦理，惟只須說明准予繼續保留，不說明延至九月底止，到時再發命令撤銷，較合機宜。	二篇二頁三篇一頁	軍政部會辦	軍務署軍需署
大批任職令送蓋會印，所需印料費用，決議由辦公廳專案報銷，印料應飭機要室迅為準備。	三篇一頁	軍政部會辦	軍需署

軍事委員會聯合業務會報
第八次會報紀錄

（從本次起改稱會報）

時　　間：三十四年十月十五日下午三時至六時半

地　　點：軍令部兵棋室

出席人員：辦公廳　　　賀國光　姚　樸

　　　　　參軍處　　　趙桂森

　　　　　行政院　　　徐道鄰（黎　琬代）

　　　　　軍令部　　　劉　斐　張秉均　侯　騰
　　　　　　　　　　　宋　達

　　　　　軍政部　　　林　蔚　吳　石　方　天

　　　　　軍訓部　　　徐文明

　　　　　兵役部　　　秦德純

　　　　　政治部　　　袁守謙

　　　　　後勤總部　　端木傑　郗恩綏

　　　　　航委會　　　周至柔

　　　　　撫委會　　　吳子健

　　　　　銓敘廳　　　錢卓倫

　　　　　憲兵司令部　張　鎮

主　　席：軍政部陳部長

紀　　錄：張一為

會議經過

一、辦公廳報告

（一）本會會報會議整理案（姚副組長）

上次會報決議，除星期一之聯合業務會報外，不得再有其他會報、會議，但代總長程，以為星期四仍須有軍事會報，已具呈委員長，並通知各單位知照。

（二）派遣海軍人員出國案（姚副組長）

海軍派遣委員會結束，有關海軍行政業務，應一律歸軍政部海軍處主辦，已經派定現尚未出國之人員，即交海軍教導總隊接收管訓。

二、軍令部報告

（一）外蒙古獨立之劃界準備案（第一廳）

第三次會報決議，關於外蒙獨立劃界準備，由軍令部召集有關機關會商，預作合乎理想之擬議，除已簽請委座提示主管部門注意外，軍令部就國防立場，提出建議方案，現在草擬中，預計本月底前可提出，惟參考資料，至為缺乏。

（二）海運各軍運輸實施計劃案（第一廳）（從略）

後勤總部郗參謀長報告

1. 十三軍在九龍不願上船，蓋大連已入寒季，海運中亦覺有同樣情形，此時尚係單布軍服，自應顧及實情，予以體諒。

2. 已由美軍總部，電知美第七艦隊，自上海將冬服運至九龍發給後，再開始上船輸送，第七艦隊是否應允，殊難確定。

主席意見：

將冬服運濟困難情形，即電告十三軍。

（三）交通巡察部隊整理案（第一廳）

　　交通巡察處擬具整理交通巡察部隊辦法，茲核擬二、三、四、五、六各總隊，因尚有任務逐次集訓，一、七、八、九、十各總隊巡游大隊，即行集訓，著手整理。

（四）利用日本軍事飛行技術人員案（第二廳）

　　委員長交下審核航空委員會呈請利用日本軍事航空技術人員，接收飛機廠庫及各項器材，經擬具審核意見兩點，提請公決。

1. 感化後始利用。

2. 利用方針，在使其訓練我國之技術人員。

航委會周主任意見：

1. 接收業務甚多，我國技術人員復少，如須先施感化，貽誤接收時間極大。

2. 日本技術雖差美國，但工作效率高我國三倍，有利用之價值。

3. 利用期間，僅給以給養，為時亦僅數月，費少獲多。

軍令部張廳長意見：

大量使用日人，易生流弊，須慎重考慮。

主席意見兼綜各方意見（決議）：

1. 利用日本技術人員，但不能利用列兵，原則上可行。

2. 使用日人，應向美方說明，免生誤會。

3. 明日（十六日）下午三時，由軍令部第二廳召集軍令、軍政、海軍三個單位會議，確定使用性質範

圍、辦法及待遇諸問題。

4. 使用之日本人，待遇應規定一律。

三、軍政部報告

（一）收繳降軍物資狀況（吳主任）

　　收繳降軍物資之工作，軍政部所應為者，已分別按照計劃，積極展開工作，惟全部究能收繳物資若干？一時不易求得明確數字，請各單位主官，以後凡蒐得是項資料時，盼即通知本部，期使此項統計，確實完整，現僅大體查明，先統計成表，提出報告（茲略），以後續有蒐集，即逐次彙整提出。

（二）敵偽軍用物資接收處理之補充辦法

　　軍政部前分行遵辦之〈敵偽軍用物資接收處理辦法〉，現根據實際情形，更增訂詳密辦法，並呈報委員長核備，通飭遵行，期無遺誤（〈敵偽軍用物資接收處理之補充辦法〉略）。

四、航委會報告（周主任）

（一）收繳敵偽之被服裝具，請酌分配空軍若干，以利補充。

主席意見：

1. 收繳敵偽軍用物資，軍政部可負總籌分配利用之責，關於被服，對空軍方面，應作適當之分配。

2. 不僅收繳之被服裝具，應統籌分配利用，即醫藥用品，亦應同樣處理，本人決心將陸軍醫院健全，交由軍區監督，須澈底作到，萬一我國限於各種條件

時，亦必請美國友人完成此事。

3. 此外凡接收美方之租借物資及其軍隊所用，因返國而移送我方者，亦應全盤作有計劃之分配，現先將運輸車及吉普車，分發部隊、機關、學校，又收繳日軍之火炮可即用以充實師之炮兵營裝備。

（二）勝利獎金折扣發給案

查勝利獎金，委座業已批准，並經明令公佈，及向行政院領款時，始悉九折發給，航委會遂未承領，似宜請其仍照原額發給，免失高級機關威信。

主席意見：

先查明是否有折扣情事。

（三）向外購買汽油案

飛機用汽油，前呈委座批准，交宋院長向外購買，為時已久，尚未辦理，倘再不即行購買，空軍油荒，頗為嚴重，請主席赴行政院開會時，提出請其注意。

主席意見：

陸軍汽油，亦須購買，即由航委會、後勤總部會同商訂，究應購油多少，不妨先備三個月或半年購備計劃，明日即將簽呈辦竣，請委員長批示，軍事機關直接自行購買。

（四）二〇五號運輸機飛行失靈，降落情形特殊之區域，竟被拆毀，應否在報紙上披露此事？請公決。

主席意見：

可以發表。

五、銓敘廳報告

明年元旦日，中樞各軍事首長副首長，一律著新軍服，但恐材料不及準備，可否先就普通材料製備，請公決。

主席意見：

1. 新軍服樣式，做有若干標本，尚未作最後決定，材料不成問題，為適合身材，可發材料自做，工費公給，帽徽重慶不能製造，可在上海訂製。

六、主席臨時提出是項

（一）還都後中央軍事機關駐地部署案

    1. 原則：集中一處，增加辦事之聯繫效率。

    2. 中央軍事機關，宜先調整機構，再行還都，蓋遣散人員，另行就業容易，營房分配，亦易著手，此種意見，最好先向委座報告。

    3. 目前以軍校及小營為主要營房，不足者添修，惟根本仍須待中央軍事機構調整後，始能澈底規畫營建營房。

    4. 最高軍事機關之營房，已飭特別設計，從新建築。

    5. 各單位應有一大辦公廳，電請總長新近主持分配。

（二）中央各軍事學校還都後之駐地案

    1. 所有各軍事學校除陸軍大學在南京外，其餘一律在江北。

    2. 中央軍校在蚌埠附近，機械化學校在徐州、

歸德附近，其他各校，即在上述地帶內選擇，應請軍訓部召集各學校籌劃並實地偵查計劃新校址。

3. 陸軍大學可利用砲兵學校校址。

（三）在渝美軍移往上海後，留用其人員之招待問題。

美軍遷滬，駐華總部又將撤銷，將來在我國另行設置顧問團，惟在顧問團未成立之前，我方必須留用其一部份人員，尤以技術人員最為重要，關於汽車、食宿，均應由我方準備，邇後返國旅費，亦應由我國負責，此層仍須與美方商訂，郤參謀長即會同航委會商訂辦法簽呈委員長核示。

航委會周主任意見：

陸空分別招待？抑統一辦理？

主席意見：

目前暫維持現有狀態，俟魏德邁將軍來華時，再行統一辦理。

（四）綜合各方意見

軍委會紀念週，應多由各單位輪流施行業務報告，由承辦單位主管人說明，以後每次聯合業務會報時，即行決定下週應報告之題目。

此次會報，決定下週由軍政部軍需署莊司長出席報告新軍服樣式規定。

軍事委員會聯合業務會報
第九次會報記錄

時　　間：三十四年十月二十二日下午三時至六時

地　　點：軍令部兵棋室

出席人員：辦公廳　　　賀國光　姚　樸

　　　　　參軍處　　　趙桂森

　　　　　行政院　　　徐道鄰

　　　　　軍令部　　　徐永昌　劉　斐　張秉均

　　　　　　　　　　　李端浩　李樹正　李立柏

　　　　　　　　　　　唐君鉑　宋　達

　　　　　軍政部　　　林　蔚　吳石　方　天

　　　　　　　　　　　陳　良　楊繼曾

　　　　　軍訓部　　　劉士毅

　　　　　政治部　　　袁守謙

　　　　　兵役部　　　秦德純

　　　　　後勤總部　　端木傑　郗恩綏

　　　　　航委會　　　周至柔

　　　　　撫委會　　　吳子健

　　　　　銓敘廳　　　錢卓倫

　　　　　憲兵司令部　張　鎮

主　　席：軍政部陳部長

記　　錄：張一為

會議經過

一、辦公廳報告

（一）防空機構調整案

　　本案業奉委座批示：

　　1. 防空總監部縮小為防空處，隸屬航委會。

　　2. 防空部隊隸屬軍政部，航委會得指揮之。

　　3. 防空學校保留，隸屬航委會，辦理召集教
　　　育，編制緊縮。

（二）本會會報會議整理案

　　上次會報所報告之整理方案，業奉委座批准照辦。

（三）本會下次紀念週，依本會報決議，應於本日決定
　　業務報告題目及出席報告人員，請公決。

決議：

因軍令部秦次長舉行就職，業務報告，可不施行。

二、參軍處報告

　　主席近來對恢復收復區交通、通信，極為注意，對
交通部俞部長曾下手令三則，指示工作重點，飭令限期
完成。

（一）十月九日及十四日手令

　　第一、鐵路修復之程序

　　　　1. 津浦路限十月二十日前恢復全線定期
　　　　　列車；

　　　　2. 平漢路至遲限十月三十日前恢復全線
　　　　　定期列車；

　　　　3. 粵漢線至遲十一月三十日前恢復全線

定期列車；

全國鐵路工作，應集中於此三線，並照
此先後次序、緊急措施，至其他各路，
應俟此三路修復後再修。

第二、長途電話線修復程序

依渝漢、京漢、隴海線徐州以西段、平
漢、津浦線及北平、粵漢各線之次序，至
遲十一月十五日前全部通話。

（二）十月二十日手令

天津－山海關之通車及山海關至奉天鐵道之修
復，須能於十月底起至下月底止，運九個師出
關接防。

三、軍令部報告

（一）奸匪最近動態（略）

主席綜合各方意見：

1. 先行交涉停止攻擊行動與交通破壞。

2. 每日將匪方破壞交通情形公布，使國人明白政府之目
的在恢復交通與維持秩序，宣明匪方在破壞交通與
秩序，使受降復員與民眾還鄉，悉受阻礙之事實。

（二）接收東北部隊，將熱、察兩省計入，至少須七
個軍，始能完成任務，寒季已臨，皮服準備，
須按數量及早完成。

主席意見：

對東北氣候顧慮及補給準備，關係接收至大，希望有關
機關詳細計劃。

（三）海南島敵已投降，關於該島由日人築成之兩個
　　　要港，及附近小島接收，應由軍令、軍政兩部
　　　及海軍總部派技術人員合組一接收機構，受何
　　　總司令指揮，統一辦理接收事宜。

主席意見（決議）：

由軍令、軍政、海軍、航空四個機關，另開小組會議
決定。

（四）偽軍處理案

　　　近來對偽軍處理，令出紛歧，查前已規定統由何總
司令負責，請辦公廳注意此事。

主席意見：

1. 總長決定對偽軍初步先求安定，依偽軍委會名冊，按
　　原有人數照其舊有待遇，採取委任經理制，八折發
　　給經費，其餘一律不予承認。

2. 鼓勵自動繳械，將功折罪。

（五）李延年請求之主要事件

　　　1. 請空運美軍一個團至濟南。

　　　2. 請派飛機一隊受其指揮。

　　　3. 請授權統一指揮黨政軍。

　　　4. 請將所轄游擊部隊擇其精銳者編為兩軍，給
　　　　　以番號。

　　　5. 空運特種兵幹部至濟南，以便將收繳倭寇之
　　　　　特種兵器，先行加以利用。

（六）傅作義二十一日來兩電，以奸匪發動進攻，請示
　　　數點。

　　　1. 空運山砲二十門，配運砲彈兩千發至綏，請

　　　火速補充，以應急需，並申明北平收繳敵人

　　　火砲甚多，可以就近空運。

　　2. 撥偵察機一架受其指揮。

　　3. 宣布奸匪罪行。

航委會周主任意見：

1. 航委會已無運輸機可派，委座飭運東北接收人員，

　尚難完成使命，如綏遠方面空運火砲及砲彈十分必

　要，可否請撥中航公司飛機兩架參加東北運輸，航

　委會方可抽出飛機，實施傅作義之要求。

2. 偵察機若無修理設備及補給準備，縱有飛機，亦屬徒

　然，況航委會亦無偵察機可派。

軍令部徐部長意見：

1. 我軍應利用收繳之日械加強裝備，以期適應目前

　情勢。

2. 加強裝備，務與奸匪爭取時間。

主席意見並綜合各方意見（決議）：

1. 由軍令部建議委座，請撥用中航公司飛機兩架，並陳

　明綏遠情形嚴重，亟須爭取時間。

　請軍令部書面報告，本人當以電話報告。

2. 目前先將收繳敵人火砲，充實師之砲兵裝備，軍務、

　兵工兩署，即計劃就各地區收繳所得，酌為就地分

　配，其他武器，亦應同樣計畫。

3. 加強部隊裝備，應確實爭取時間，明日（二十三日）

　下午三時，仍就此地，由軍政部主持，召集小組會

　議，討論決定，辦公廳、軍令部、軍政部、航委

　會、後勤總部均參加，並由軍令部提出亟應加強裝

　備之部隊，以便討論。

（七）九月十二日美軍事代表團致軍令部一信，謂昆明
　　　存有軍用物資，盼予接收，當即通知軍政部查
　　　照，現復來函催促，仍請即指定機關人員速行
　　　接收。

主席說明：

由軍政部令邵百昌負責接收。

四、軍政部報告（楊副署長）

　　兵工署楊副署長報告參加總長在上海召集會議所得
之主要各點：

（一）京滬方面，感覺兵力薄弱，補救之道，擬從加強
　　　二十五軍裝備入手。

（二）擬對每師將收繳火砲按編制成立砲兵一營，並擬
　　　在三方面軍內成立砲兵一團，內編野砲兩營，
　　　重砲一營（榴彈砲）。

（三）開赴北平之九二軍，擬先運砲兵幹部至平，接收
　　　成立砲兵營；九四軍亦應同樣加強。

（四）收繳大坦克車，擬編成部隊運華北使用。

（五）京滬鐵道雖未被破壞，但存煤計算僅能維持八
　　　日，煤荒嚴重。

（六）江浙日僑日軍共約三十萬人，糧食頗成問題，亟
　　　待遣回日本，但船隻無著，已向麥帥交涉派遣
　　　船隻使用。

（七）十三軍海運大連，在香港遲不上船，金開德詢問
　　　總長，以情形不明，無從答覆，請軍令部劉次

　　　　長隨時告知託美方海運部隊情形。

（八）美方建議總長，宜派高級軍官一人至麥帥總部
　　　連絡，據查軍令部已派有人前往，不知其階級
　　　如何？

（九）金開德建議總長，宜赴東京一行，以便建立與麥
　　　帥之直接連繫關係。

軍令部劉次長說明：

1. 大連登陸問題，迄未解決，因此遲延十三軍在香港
　　上船，已報總長。

2. 中國戰區向麥帥連繫，向係由美軍總部負責，在魏德
　　邁將軍之總部未撤銷前，不便直接連繫，俟其撤銷
　　後，自可依照建議派遣高級軍官赴東京擔任連繫。

主席意見：

1. 關於加強部隊裝備，遵照總長意見以二十五軍全軍
　　換械為更有力，小組會議決定後呈報。

2. 三方面軍成立砲兵一團，須依左列原則辦理：

　(1) 由軍政部成立獨立砲兵團，撥歸其指揮。

　(2) 榴彈砲與野砲宜分別編組，不宜混合。

3. 軍政部速再詳查究能收繳火砲若干？

4. 坦克車將自有者與收繳日軍所有者，準備編成兩個
　　坦克師，惟汽油尚成問題。

　　關於汽油外購，航委會及後勤總部應加緊辦理。

五、航委會報告（周主任）

（一）美軍停止空運案

　　美軍總部以備忘錄送達委座，謂十二月一日C-54

運輸機停止空運，並建議如欲繼續使用，可交涉租借，較購買經濟十倍（購買每架四十萬美元，租借每架每年四萬美元），本會現擬交涉延長租借法案至明年三月，然後開始租借，如不可能，即由明年一月開始租借。

留用此項運輸機，軍令、軍政兩部，用法如何？除大後方數機場可以使用外，各地現有機場能用者少，須從新建築，此點須加考慮。

主席意見：

俟魏德邁將軍來華時，交涉再與商議租借法案延長問題，至於租用，五十架似應全租，惟航委會須注意者，一經租用，則須日日飛行，方為合算。

（二）赴印接收美方物資案

查印度美方物資，係軍政部統一主持接收，美方對空軍移交部分已準備完善，指望我方接收，軍政部如何決定？

主席意見：

空軍部份即由航委會先行接收。

六、主席臨時提出文武待遇一致案

本席以為文武待遇，不能懸殊，在各國多武高於文，中國至低限亦應保持一致，此實國家體制所關，幾經籌商，數度請示，現行政院轉奉國民政府批示，重慶方面軍事機關武職人員待遇，准照加，各部隊則依然維持舊有標準，惟僅限於中央武職人員增加，於情、於理、於法，均難通行，且將引起無數紛擾。故主張特別審慎，現行政院既經加發此項經費，軍政部惟有暫行領

下，至如何支用，望各軍事單位研究方法辦理。

行政院政務處徐處長說明：

文官待遇為區域主義，各地不一，武官不分區域，全國一律，兩者各有理由，惟中央文武待遇，比較相差過大，故行政院特先具呈主席擬有辦法兩種，其一，提高武官待遇，使與文官相等，其二，文減武加，摘取中數，至全國普遍調整，擬至明年再行著手。奉准實施第一個辦法，其辦理經過概略如此。

軍事委員會聯合業務會報
第十次會報記錄

時　　間：三十四年十月二十九日下午三時至六時

地　　點：軍令部兵棋室

出席人員：辦公廳　　賀國光　劉祖舜

　　　　　軍務局　　趙桂森

　　　　　行政院　　徐道鄰

　　　　　軍令部　　徐永昌　劉　斐　秦德純

　　　　　　　　　　張秉均　鄭介民

　　　　　軍政部　　林　蔚　吳　石　方　天

　　　　　　　　　　陳　良　陳春霖

　　　　　軍訓部　　劉士毅

　　　　　政治部　　袁守謙

　　　　　後勤總部　端木傑　郗恩綏

　　　　　航委會　　周至柔

　　　　　撫委會　　吳子健

　　　　　銓敘廳　　錢卓倫

主　　席：軍政部陳部長

記　　錄：張一為

會議經過

一、行政院報告

（一）我國佔領越南軍隊使用幣制案（徐處長道鄰）

　　我國佔領越南之軍隊，最近因關金券比價低落，致生影響，現向法方交涉，要求月供給我九千萬之越幣，

結果僅允月撥一千五百萬，擬再交涉每月至少須撥六千萬，惟是否足用？請有關單位之主官即行決定。外交部王部長主張發地方券，即在中央券上加蓋越南地名，作軍用票使用，不與法幣發生關係。

軍政部軍需署陳署長說明：

1. 每月六千萬越幣，純供部隊經費，勉可足用，詳細確實之數字，須另行算出用書面通知。

2. 十一月份經費，已送發關金，因以免交涉使用越幣未成功，使供應間斷。

主席綜合意見（決議）

1. 佔領越南之軍隊，其撤退與否，屬外交問題，軍事方面，對經費與糧食，應妥為籌供。

2. 軍需署即與財政部商定後，將每月確需越幣若干，向外交部提出，以便據以向法方交涉。

二、辦公廳報告

（一）韓國臨時政府及其光復軍問題（劉組長祖舜）

1. 我國對韓問題，第七次會報曾決議由行政院召集有關機關會商根本政策，不知辦理情形如何？

2. 現在韓國臨時政府人員已離渝，而機關尚留此地，今後如何聯繫？

3. 對韓事務之主辦機關，前經由吳秘書長鐵城商洽，據其表示，政治由彼負責，軍事由軍委會主辦。

4. 關於韓國光復軍事務之經辦，第六次會報決

議交軍令部辦理，第七次會報劉次長表示不便
接替，現仍暫由辦公廳辦理，究應如何決定？

行政院徐處長說明：

1. 以往我方負責接洽之機關過多，委員長指示今後只應
由一個機關負責，行政院正遵照此項指示辦理。

2. 行政院對韓國臨時政府政策，業已研究各種方案，如
光復軍之組訓，韓僑、韓國青年及日軍內韓人之處
理等問題，均經擬具辦法，呈請委座核示。

軍令部劉次長意見：

1. 光復軍在戰事結束後，若不送回，即應解散。

2. 軍令部對處理光復軍之業務可以接替，但無法管理其
部隊。

主席意見：

此後對韓國政治方面，遵照委座指示辦理，在統一主辦
之機構未決定前，軍事方面即由軍令部第二廳代表軍委
會負責接洽。

（二）美國戰爭賠款專員來華案（劉組長祖舜）

美國政府對日要求賠款計畫專員，來中國戰區與我
方研究日本賠款問題，委員長令宋院長與程代總長，轉
飭有關機關預為所要之準備。

1. 一行共十三人，關於來渝之招待及行住問題，已交
外事局辦理。

2. 途經馬尼剌、東京、韓國、東北再到渝，應通知東
北當局，妥為招待。

3. 我方對賠款商談應準備之事項，軍事似以由軍政部
負責，其他由行政院辦理為宜。

4. 軍令、軍政兩部對軍事賠款內容及提出方式，須預
　　為研究決定。

主席意見（決議）：

本案關係重大，應由有關機關開小組會議妥為商訂，請
林次長商洽辦公廳，決定迅即舉行此項會議。

三、軍務局報告

（一）軍務局組成案（趙副局長桂森）

　　軍務局業已組成，由俞侍衛長任局長，桂森任副局
長，嗣後各單位向主席所呈之公文，請於封面註明「軍
務局轉呈」較為迅速。

主席意見：

1. 行政黨務方面，曾決定各部處理主管業務，概由部
　　長負責自行解決；重大者提經中常會議決定，即行
　　辦理；再重大者，始呈請總裁決定。

2. 軍事方面，亦可做此辦法，各部對主管業務能自行
　　解決者，即由部長負責處理；不能解決者，提經官
　　邸會報或聯合業務會報決定，再重大者，始呈請委
　　座核示。

四、軍令部報告

（一）美軍停止海運案（第一廳）

　　十月二十三日美軍總部以備忘錄送達我方，對五二
軍及第八軍之海運，謂不能久延，下月十二日為最後上
船時間，過此即停止船運工作。查第八軍大部現尚在梧
州附近地區，時間甚難趕及，迭電張主任請停止一切運

輸，集中力量，悉力使第八軍能按時到達目的地實施上船，但迄無回覆，茲請示主席兩點：

1. 為保持建制計，仍盡力設法提高運輸效率，使第八軍能及時全部上船。

2. 為適應時間迫切計，另撥已到廣州之五四軍之一師，改隸第八軍，代替其不能及時到達之部隊，可否受權張主任，不問建制，總以能海運三師為唯一要求。

主席意見：

1. 可能以不打破建制為最好，應電令張主任負責辦理。

2. 並以本人名義詳電張主任，說明詳情，務期完成此事。

3. 軍令部能派專員乘機前往催辦，更為完密。

（二）空運特種部隊至華北案（第一廳）

開赴東北之部隊，砲兵未隨行，應設法補充；此外擬撥獨立砲、工部隊各數團，以期增強戰鬥力，俾能遂行接收任務，凡此非空運不能有濟。

航委會周主任意見：

空運砲、工部隊，無法辦理。

（三）對開赴東北部隊後勤機構與馬匹撥配之準備案
　　　　（第一廳）

開赴東北之部隊，一切行動，均以適合戰鬥要求為主，故後勤機構之設置，應本此原則辦理；又原有馬匹全未攜往，鐵路、公路多遭破壞，縱改配車輛，亦有困難，故馬匹仍屬迫切需要，可否就平津部隊之馬匹撥用？

軍政部軍務署方署長意見：

開赴東北部隊所需之馬匹，可由接收華北敵軍之馬匹撥

配之,惟是否須經調教?數目究有若干?尚須調查,始能確定。

主席意見:

1. 關於收繳華北敵軍馬匹,撥配開赴東北之部隊一事,軍務署即派主管司長前往處理。

2. 各部隊應補充之人馬械彈,即可就天津補充齊全為是,方署長即會同軍令部研究實施辦法。

3. 對東北之補給基地,應設在天津、北平,軍政部後勤總部已有概要計畫,一切純係以能適應作戰需要為準。

五、軍政部報告

防寒服裝準備案(軍需署陳署長報告,略)

六、後勤總部報告(端木副總司令)

傅長官要求空運火砲及砲彈案,今晨九時,已由航委會派機三架,另中航機一架,自渝裝運所要械彈,飛至包頭接濟矣。

七、主席臨時提議及意見表示

1. 服裝改制問題

　　(1) 改服制之目的,為現在著中山服者極多,易與軍服混淆。

　　(2) 服裝質地,戰時應較平時優良,方為合理。

　　(3) 軍帽不宜每套必具,須求通用,已經注意及之。

　　(4) 皮鞋各國通用黃色,現亦擬採用;鬆緊帶不合實

用，自應廢除。

(5) 業科人員，亦按階級規定服制，為此次改定服制
之特色。

(6) 帽章之梅花，不必成規則形圍繞黨徽，花朵全
露、半露、小部分露兼用，較藝術美觀。

2. 教導總隊在孝陵衛之營房，撥歸中訓團訓練編餘軍
官之用。

3. 奸匪最近動態說明（略）

彈藥補給，關係最為重要，負責機關應即行辦理。

4. 閻長官請求八點之說明（略）

軍務、軍需兩署將與第二戰區來往之文電，一齊檢
呈備閱。

5. 當此整個軍事大轉變期中，各軍事單位，精神應較
戰時更為緊張，三十五年度之國家施政方針，仍以
滿足軍事需要為最高原則。

6. 對冀、魯兩省，應籌備招募兵員事宜，大後方即於
適當地點，組織招募機構，務使兵源無缺，主辦機
關，應即行計畫。

第二戰區之兵員補充，仍應在整個計畫之下，統一
辦理。

7. 閻長官請指定一電台，增加通信時間，應照辦。

8. 川西劉樹成師移防後，張主任岳軍請由川省保安團
接防，已覆允，即不另派部隊前往。

9. 重慶與南京之無線電通信時間，每日僅有兩次，即
上午十至十二時，下午二至四時，茲規定增加通信
次數及變更通信時間，即上午八至十時，下午二至

四時及八至十時，每日共三次。

方署長應計畫設法重要軍事長官對重要收復地點，隨時可以通話。

10. 本會紀念週之工作報告，下星期由軍令部報告受降之軍隊部署，再下星期由軍政部報告物資之接收狀況及運用計畫。

軍事委員會聯合業務會報
第十一次會報記錄

時　　間：三十四年十一月五日下午三時至四時四十分
地　　點：軍令部兵棋室
出席人員：辦公廳　　　賀國光　劉祖舜
　　　　　行政院　　　徐道鄰
　　　　　軍令部　　　劉　斐　秦德純　張秉均
　　　　　　　　　　　鄭介民　李端浩
　　　　　軍政部　　　林　蔚　吳　石　方　天
　　　　　　　　　　　嚴　寬
　　　　　軍訓部　　　徐文明
　　　　　政治部　　　袁守謙
　　　　　後勤總部　　黃鎮球　端木傑
　　　　　撫委會　　　吳子健
　　　　　銓敘廳　　　錢卓倫
　　　　　憲兵司令部　張　鎮
主　　席：軍令部徐部長
記　　錄：張一為

會議經過
一、辦公廳報告
　　韓國光復軍業務之經辦，遵照上次會報決議，仍移交軍令部辦理，茲決定本星期六（即十一月十日）實施移交，請軍令部指定接收單位及負責接收人員，以便洽辦。

主席意見：

俟軍令部決定後，用電話通知。

二、軍令部報告

（一）抗戰烈士之旌表案（張廳長）

抗日戰事，業獲勝利，全國各地對烈士墓、烈士祠等，應即興建，以崇功勛。

軍令部劉次長意見：

戰事既經結束，應乘國軍尚未整建，現在建制單位尚未打破與撤銷時，即行清查陣亡烈士，從事旌表，遲即無法清理，此事由撫委會辦？抑由軍政部辦？應即確定。

撫委會吳主任說明：

關於抗戰烈士之旌表各種辦法，撫委會已分別訂有計劃，惟各部隊切實具報名冊，已發郵令而可以稽考者少，迭催造報，終未送呈。

主席意見（決議）：

請撫委會於下次會報時，將旌獎抗戰烈士計劃辦法提出報告，以供研討。

（二）請提早決定三十五年度測量經費概算案（第三廳）

本部提出明年度測量經費為一、一四八、九六七、九七〇元，再加專案臨時業務費概算二二七、六〇〇、〇〇〇元，共計一、三七六、五六七、九七〇元；此為最低限之要求，請在元月份以前核定，茲希望數點：

1.請軍政部照十三萬萬餘元之數字核定，蓋測量經費，

分行政與業務兩部門，行政費性質固定，如數額過少，業務費無著，將使有人而無事可作，殊屬不經濟。

2. 請提早發款，並按期按數發給；蓋若干地方因雨季或寒季（嚴寒地帶）關係，惟春季始能室外作業，過此即室內作業，若發款遲誤，不及室外作業，自亦無室內作業之可言，勢必全年休閒，影響業務之推動。

3. 凡臨時交辦之業務，請軍政部另發臨時業務費，不在經常業務費內開支。

4. 在預算未核定前，請軍政部就概算數提前撥發三分之一，以便按期展開工作。

軍政部林次長說明：

1. 明年度軍費，集合各單位之編造數字，共為三萬億元，宋院長以為明年度國家預算，不能過大，以免過度增發紙幣，除經常事務可照常辦理外，凡建設事項，以只作準備為原則，故軍費預算第二次呈出為一萬五千億元。

2. 測量經費，原列為八億元，如行政院對一萬五千億元之軍費預算數額不變，此項經費不致變更，故第四廳只能照此額計算，較為實際。

主席意見：

1. 測量本屬第四廳主辦，因其預算係交第三廳審核，故令第三廳提出報告，較為客觀。

2. 第三、第四兩廳與軍政部會計處會商後再定。

（三）機場警衛案（第一廳）

航委會來文，對機場警衛部署，擬作如左處置：

1. 收復區之機場警衛，關係重大，擬將現在成都地區之

特務旅（屬航委會，有五個團、一直屬營，官六百
餘，士兵七千餘）兵力共三十連，全部調往平津，
警衛機場。

2. 成都地區之機場警衛勤務，請派部隊接替。

本部擬辦意見：

1. 潘主任文華所部，現正由川西移防，允留兩營（八
個連）接任機場警衛，查該處兵力甚少，無法派出
三十個連接替航特旅之勤務，擬請其先調走八個
連，其餘緩調或不調。

2. 平津方面之機場警衛，用戰列部隊擔任，較航特旅
確實可靠，且可不佔目前空運戰列部隊之噸位。

主席意見（決議）：

本次會報，航委會缺席，軍令部行文告知為妥。

（四）對軍事會議準備案（劉次長）

　　本月十一日軍事會議開幕，內容為委座召集集團軍
總司令以上之高級將領，指示作戰準備及注意事項，請
有關單位，注意數點：

1. 各單位主管事項，須使各高級將領了解或須彼等辦
理者，應及早準備報告材料。

2. 委座指定秘書事務由軍令部擔任，事務及招待，由
辦公廳負責。

3. 為保持機密及增加會議效率起見，委座指定會議地
址在黃山，並規定各高級將領住宿該處。

4. 各單位對會議均須準備討論或報告材料，但軍令、
軍政及後勤三部，業務最繁，究須提出何種事項？
須佔時間若干？請即決定，以便排定議事及議程。

5. 請各單位準備材料，於本星期四（八號）之軍事會報，提出討論，至遲九號須完成所要之準備。
6. 會議時間，以三日為衡，必要時再延長。
7. 各高級將領，對受降及收繳兩種工作，亦須規定其作所要之報告。
8. 中央各軍事單位及各高級將領報告，佔會議時間二分之一，餘二分之一之時間，作討論議題之用。
9. 秘書組織，雖由軍令部負責，仍請軍政部派員參加；為求得秘書與事務之密切連繫起見，辦公廳似亦須派人加入為宜。

各單位洽辦有關事務時即向第一廳張廳長接洽。

銓敘廳錢廳長意見：

各高級將領，亦須先令其集體開一預備會議，統一報告事項，以免重複，枉耗時間。

主席意見：

1. 各高級將領之報告，應分別規定範圍，及所佔報告時間。
2. 中央各軍事單位須要求各高級將領了解或辦理之事項者，提出時總以精要為原則，徒多反致無效。

三、軍政部報告

（一）全國裝甲部隊第一期預定集中案（軍務署）

書面提出（從略）。

軍政部林次長意見：

委座對戰車運用不明，極為關切，軍令、軍政兩部對戰車之集中、使用及收繳降軍戰車之編用計畫等，似應會

同擬訂，呈報委座。

主席意見：

呈報委座時，對戰車來源、數字、堪用程度、油料情形、編組辦法及將來配用等，即如林次長之意見，詳細呈報。

（二）對偽軍幹部安置及待遇辦法案（軍務署）

　　書面提出何總司令暫定之處理原則五項，及軍政部擬定之補充辦法七項（茲略），提請公決。

軍政部林次長意見：

1. 偽軍處理，極為煩難，軍政部對此，曾費極大考慮，終以原則與事實，難期圓滿兼顧，請煩各位研究，俾能確立理想之原則與合理之事實，應付辦法。

2. 偽軍在原則上勢不許可收編，但事實上又不能即時全體如此，此其一；不發經費，將危害地方，破壞秩序，發給時，無異承認其存在，此其二；不給名義，除稱偽軍外將如何稱呼？給名義，自非給待遇不可，此其三。

3. 此次各高級將領來渝時，中央聽取其意見報告後，應在根本原則上作合理之決定。

4. 陸軍總部所訂之辦法，根據其第三條加以研究，解散與留用，似均可兼併採行，無根本決定，軍政部處置殊難。

軍令部劉次長意見：

1. 何兼總司令所訂之辦法有欠澈底，第一，有給與而不足用；第二，名義似給與而又未真正給與，將招致偽軍之惶惑疑懼，恐為奸匪所乘所用。

2. 處理偽軍，似應把握三大原則：

(1) 根本原則，一律編遣，目前安其心理之一切辦法，均屬臨時與過渡性質。

(2) 為備將來政府明令編遣，仍不失信用起見，給名義一層，目前全由何兼總司令及戰區給與，中央不直接辦理為宜。

(3) 既經給與名義，則發伙食不發薪餉之辦法覺不合理，故仍須核實發給給與。

(4) 此次應對各高級將領說明此意，凡能切實編遣者，即以編遣為原則；不能即時編遣者，伙食與薪餉，應一併核實發給。

軍令部張廳長意見：

1. 偽軍宜一律遣散，本人所知，偽軍不特不能幫助各戰區維持交通情事，且尚須派隊監視。

2. 至顧慮其變為奸匪一層，實毋庸如此，蓋彼等多腐化分子，亦知為奸匪所不樂用。

3. 國軍抗戰軍官，尚在編餘，而偽軍新近發表總司令及軍長者多，精神影響，至為不良，如不改變此種不合理之事實，恐由懼偽變共，而致造成國軍變共之現象，國家受害，殊難以道里計，凡此決非聳聽之詞，事實上確應有此顧慮。

銓敘廳錢廳長意見：

1. 本人以人事立場而論，收用偽軍軍官，言情言法言理，均無法主辦，汪偽組織所造之軍官學生及派往日本之士官生，若謂擇優留用，此種有知識無靈魂之分子，何能任用，故最好一律遣散。

2. 抗戰造成勝利之編餘軍官，尚難圓滿安置，偽軍軍
官何能安插，陸軍總部規定收容辦法，似可廢除，
仍一律遣散。

軍政部林次長意見：

1. 張廳長之見解與主張，極為正確，軍政部對偽軍向
主解散；惟同時一齊明令編遣，事實不無困難。

2. 日本宣布投降後之初期，偽軍惟在保持個人身家，
未希望部隊存在，當時若能及時將自動繳械遣散，可
換取身家安全之辦法宣布，編遣實不費力，現恐懼心
理已除，且奢望生存，機會逸失，編遣頗有困難。

3. 現由何兼總司令臨時處理名義給與及待遇規定，中
央不出面負責，將來命令編遣，無損政府信用。

4. 經費發給，亦由何總司令負責，軍政部不直接與偽
軍發生手續聯繫，用符臨時處理性質。

主席意見：

此次軍事會議，軍政部即以今日所討論者於黃山舉行時
提出研討，求得結論。

軍事委員會聯合業務會報
第十二次會報記錄

時　　間：三十四年十一月十九日下午三時至五時
地　　點：軍令部兵棋室
出席人員：辦公廳　　　　賀國光　劉祖舜
　　　　　軍務局　　　　俞濟時
　　　　　軍令部　　　　劉　斐　張秉均　鄭介民
　　　　　軍政部　　　　林　蔚　吳　石　方　天
　　　　　軍訓部　　　　劉士毅
　　　　　政治部　　　　袁守謙
　　　　　後勤總部　　　黃鎮球　端木傑　郗恩綏
　　　　　撫委會　　　　吳子健
　　　　　銓敘廳　　　　錢卓倫
　　　　　憲兵司令部　　張　鎮
主　　席：軍政部陳部長
記　　錄：張一為

會議經過
一、辦公廳報告（劉組長祖舜）
　　軍法總監部之各軍法監部及軍訓部之各督訓處，原令十一月底裁撤完畢，因時間迫促，不易實施，請展期一月，應否照准？請公決。
主席意見：
可延至十二月底裁撤。

二、軍務局報告（俞局長濟時）

（一）戴笠呈報（已據傅作義電請）包頭被圍之別働
　　　軍支隊，彈藥缺乏，請撥發馬林式槍彈十三萬
　　　八千發，湯姆生槍彈十二萬六千發，空運投濟
　　　（已電交軍政部及航委會核辦），請速辦。

（二）奉主席諭，印發第二戰區閻長官所呈兵農合一
　　　辦法，已分送軍令、軍政各部，請研究後詳簽
　　　意見，送本局彙辦呈核。

主席意見：

1. 關於彈藥之投送已有整個計劃，又美方存於昆明之
　彈藥數字，後勤總部即行詳細列表呈閱，其處理原
　則數項：

　(1) 儘可能空運平津兩地備用；

　(2) 開拔之部隊，每一士兵儘可能多攜行彈藥；

　(3) 車運至瀘州，再由船運至武漢、南京兩地。

2. 我國寓兵於農之辦法，歷史甚久，百川先生之兵農
　合一，其大原則即本乎此，頗足供建軍之參考，其
　研究精神，彌足欽仰；惟時代已要求工業化，工業
　化之社會與農業化之社會截然不同，蘇聯之集體農
　場，其本質仍屬工業化，故兵農合一之辦法，行於
　山西較易，推行全國尚須詳細研究。

3. 關於軍區制度，可另訂日期召開小組會議，專門
　討論。

三、軍令部報告

（一）接濟北方剿匪部隊彈藥案（張廳長）

包頭守軍，前派飛機四架運濟之彈藥，尚覺不敷，目前作戰消耗復大，所餘無幾，望速空運接濟；山海關方面之部隊，彈藥已感缺少，亦應從速接濟。

主席意見：

接濟包頭守軍彈藥，後勤總部即向航委會交涉，速行空運；至山海關方面之彈藥補充，業已開始空運。

（二）繼續海運部隊至東北案（劉次長）

接收東北，非繼續海運部隊，實難完成任務，利用美方船隻，交涉亦多困難，委座現雖電請杜魯門總統設法，結果如何，不得而知；軍政部及後勤總部應設法使用本身船運力量，以備交涉無望時之補救，惟本身單獨可能辦到之程度，須先報告委座。

主席意見：

海運不能存心依賴英美，本身應有自動辦法，友邦能助我時，自屬更善。

（三）香港之接收案（劉次長）

潘華國報告英方所交收繳降軍物資之表冊，與原有之表列數字，相差甚大，但無數字報告，請軍政部令其將交來之數字，列表呈報，始有根據進行交涉。

軍政部林次長意見：

此工作應分成兩部：目前能接收者即先行接收，英方未交者另待交涉解決。

（四）軍令部情報電台併入軍統局案（鄭廳長）

本廳情報電台，奉會令歸併軍統局，查各國軍事情

報,均由情報廳主管,可否仍舊不變?

憲兵張司令意見:

憲兵有軍紀情報及其他特種情報,所有電信通訊,如受歸併統一,應有適當之整個辦法,免統而不通,妨礙業務。

軍政部林次長意見:

1. 通信之掌管,關係重要,故不容許其行政系統紊亂,致用人多而效率少;

2. 軍政部無時不努力設法,期使全國軍事通信機構,健全靈活,似應專門開會研究,通盤決定。

軍令部劉次長意見:

軍事通信,計畫歸軍令部,執行歸軍政部,分別負責,較為適宜。

主席意見(決議):

1. 軍事通信,首先應決定重點,軍政部擬定南京、北平、武漢、西安為四個通信中心網,請軍令部詳細計畫;

2. 交通通信補給會議,預定分區開會,軍令、軍政、後勤三部均須派員出席,分別在南京、北平、武漢、西安(或附近其他要地)舉行,屆時當詳細研究,適當決定。

3. 所謂通信統一,其目的在健全通信行政,增進通信效率,故業務雖可分層實施,但事權必須統一,方能使整個組織,運用靈活。

4. 普通通信,全由交通部主持;軍事通信,應歸軍政部統一辦理,後勤總部對此,宜確切計畫。

5. 軍令部所提一節，可先呈復委座，俟全部通信機構調整時，再行辦理。

（五）遮斷奸匪大連煙台之海上交通案（第一廳）

軍令部十一月七日辦會令，飭陸軍總部及海軍總部遮斷奸匪大連－煙台間之海上交通，頃海軍總部呈復，謂無船可派，查接收敵艦中之永翔炮艦，計一千五百噸，現停泊上海，可供此項使用，究應如何辦理？

主席意見：

即請委座分令何總司令及陳總司令，並飭戴笠就近派人將永翔艦接收，一面飭海軍處選派幹部數員及陸戰隊中之優秀士兵前往辦理此事，不必依賴海軍總部實施，以期爭取時間。

（六）部隊調動及補給改進案（第一廳）

軍政部要求對美械裝備部隊之調動使用，為便利補給計，請避免過度與其他裝備之部隊混淆，經特加注意，惟須請軍政部及後勤總部注意數事：

1. 此次北調部隊，在原地留下之人馬物資甚多，影響後方治安，請訂定辦法，適當處理，此可就地撥配其他部隊，不再派運輸工具追送，以後調動部隊，即依此種辦法通案辦理。

2. 對糧彈補給，盼按照要求地點，預為存儲，免調動之部隊到達時始行運送，致稽時期，軍令部即另行抄送部隊調動表，請查照辦理。

劉次長補充意見：

1. 美械裝備複雜，各項彈藥箱標識，全係英文，軍政部派人辦理此項補給，須熟識英文。

2. 補給須辦到主動地位，某時某地應補充某種物品給某種部隊，應通知其受領，勿待其請求，最為重要。

3. 補給應採區域制度，凡部隊調動不便攜走之用品，即就地交補給機關另行統籌使用，到達目的地時，即由該地之補給機關，照數補足，既省運輸，復免浪費。

抗戰以來，因未採用區域補給制度，部隊調動時，沿途設留守，派民伕，耗費人力，盜賣軍品，妨害治安，破壞軍紀，似應改正。

主席意見：

1. 區域補給辦法，此次九二及九四兩軍調動時已照辦，並已普遍採用。

2. 後勤總部注意兩點：

(1) 以後務求主動補給，兵站機關應較部隊先行到達；

(2) 選派了解英文人員，辦理美械部隊之彈藥補給。

(3) 所有北調部隊之留守人馬物資，軍政、後勤兩部，速行澈底清理，先由雲南、越南，再及貴州、廣西、四川，再及於東南各省，按兵站區接收，不得再留一人一馬一物。

越南有馬萬餘匹，應設法運回；各軍在該地留下之病兵，更應迅速運送回國。

（七）以別働隊及忠義救國軍保護開灤煤礦案（第一廳）

開灤煤礦及北寧路，須確實保護，不然，非僅影響東北接收，海船無煤，亦無法使用，宋院長請准委座調別働隊及忠義救國軍前往保護，查此項部隊，極為分

散，集中需時，運輸亦成問題，可否另行設法？

主席意見（決議）：

先令其集中，再計畫輸送。

四、撫卹委員會報告（吳主任子健）

遵照上次會報主席指示，特用書面提出旌獎抗戰烈士計畫辦法，請予研討案（書面從略）。

主席意見（決議）：

展至下次會報，提出討論。

五、主席提出意見

1. 調至北方部隊，因海運空運關係，馬匹未運，彈藥缺乏，影響作戰至大，有關各單位，應妥為籌畫，速行補充。

2. 海上運輸，應自力恢復，軍令、後勤兩部，應會同通盤籌畫，請海軍總司令部及交通部撥船交後勤總部指揮。

3. 為適應軍事需要計，軍令、軍政兩部對鐵道之修復，須依緩急先後，訂定分期完成之計畫，本人以為應依粵漢、津浦、平漢、隴海之次序，較合需要。此亦僅腹案，詳細計畫，請張廳長代為擬就，明日九時以前送渝舍，以便向行政院提出。

4. 對戰後建築鐵路計畫，軍令、軍政兩部，均各有立案，軍令部之著眼純為國防，軍政部則兼顧及復員官兵安置，請劉次長、林次長會同研究，共同決定軍事方面之統一性計畫，送交通部參考。

5. 此次各高級將領來渝，會場與中央各機關接觸，不便公開作若何批評，現會議已畢，盼在座同仁盡量以私情關係，分別連絡晤談，俾獲得批評資料，於下次會報時提出報告，作為改善之標準。

6. 中央各機關之精神極為統一，對施政之見解，原不必相同，而措諸實施則完全一致，絲毫無礙於精神之統一與個人之情感，此意自屬上下一致也。（餘從略）

部長指示屬軍政部主管之重要事項清理一覽表

事項	篇頁	經辦單位
各軍法監部及軍訓部各督訓處，准展期至十二月底裁撤	一篇二頁	軍務署
存昆明美國彈藥之處理原則三項	二篇一頁	後勤總部
閻長官之兵農合一辦法，僅可部分推行於山西，研究時須注意	二篇一頁	軍務署
軍區制度，另訂日期開會研討	二篇二頁	軍務署
空運彈藥接濟包頭守軍，後勤總部即向航委會交涉辦理	三篇一頁	後勤總部
飭潘華國將英方應交與現交之物資數字詳報，以便交涉	三篇二頁	
令海軍處選派優秀幹部數人及陸戰隊士兵接收永翔炮艦	五篇一頁	海軍處
部隊北調後在原地留下之人馬物資，依滇、越、黔、桂、蜀及東南各省之次序，逐步澈底加以處理清整	六篇二頁	軍政部 後勤總部
越南部隊調走時留下之病兵，應速運回	七篇一頁	後勤總部
軍令、軍政兩部對戰後鐵道之建築，各有計畫，請林次長會同劉次長共同策訂軍事方面統一性之計畫，送交通部參考	八篇一頁	

軍事委員會聯合業務會報
第十三次會報記錄

時　　間：三十四年十一月二十六日下午三時至六時
　　　　　四十分
地　　點：軍令部兵棋室
出席人員：辦公廳　　　劉祖舜（姚　樸代）
　　　　　軍令部　　　秦德純　張秉均　鄭介民
　　　　　軍政部　　　林　蔚　吳　石　方　天
　　　　　　　　　　　陳　良　吳雲菴
　　　　　軍訓部　　　王　俊
　　　　　政治部　　　袁守謙
　　　　　後勤總部　　黃鎮球　端木傑　郗恩綏
　　　　　　　　　　　錢繩武　白雨生
　　　　　航委會　　　周至柔
　　　　　撫委會　　　吳子健
　　　　　銓敘廳　　　錢卓倫
　　　　　憲兵司令部　張　鎮
　　　　　新一軍　　　孫立人
主　　席：軍令部徐部長
記　　錄：張一為

會議經過
一、孫軍長立人報告
（一）本軍原定開赴日本，現改調華北，須變更準備：
1. 裝備：本軍車輛約一千二百輛及各種器材，均留南

寧，請發汽油運至梧州，再用平底船運至廣州，並
希望於十二月十五日前運完。

2. 馬匹：馬匹與車輛，同為本軍最主要之戰鬥力量，英
方之登陸艇，可裝運馬匹，所需改裝工作，費時甚
小，本人曾以私人名義向英方交涉，已允協助，請
政府正式交涉，蓋英方樂於直接表示好感，如由美
方轉達，反生障礙。

本軍軍馬，原有五千七百匹，現僅約五千匹，最好
全運。查原令帶鞍不帶馬，到達北方，就地撥配降
敵所繳馬匹，此層似應考慮：

(1) 鞍具與馬體不適合，因本軍馬匹，概屬洋馬，體
格壯大，所有鞍具，均係分別按其體格裝製，不
致發生鞍傷；

(2) 根據在廣州接收敵軍馬匹之經驗，僅有十分之一
可用，蓋自其宣布投降後，即停止飼養，現瘦弱
不堪，恢復亦需時間三月，甚至有一種情報，謂
經注射一種針藥，竟不能恢復健康者，故利用日
軍馬匹，可靠性小；

(3) 日本炮兵用馬，純為牽引式，本軍則純為馱載
式，如原有馱馬不用，改用日方輓馬，減少部隊
機動性甚大。

3. 彈藥：本軍由南寧輕裝出發，僅攜帶彈藥一基數，現
白司令面允運四基數至廣州，此問題已告解決。

4. 棉服：本軍現尚著單服，陳署長面允將棉服由滬運至
九龍，補充後始上船，盼早實現。

軍令部張廳長意見：

現決定先運新六軍，因在上海出發，準備較為完全，故新一軍之開始運輸，尚有二十至三十日之時間，彼時廣州方面，單軍服已不能禦寒，故棉服總以早運至九龍配發為妥善。

軍令部鄭廳長說明：

英方已允將香港接收之日船，交我國使用。

白司令雨生報告：

1. 梧州至廣州之水運噸位共一萬二千噸，往返一次需時二十日，如須符合孫軍長之時間要求，事實上恐難辦到，請分出緩急先後，盡力辦理，俾不致貽誤重點。

2. 部隊調動時，攜帶物品應分先後緩急，勿再如十三軍到達作戰地時，即感彈藥缺乏，迫切請求補充，極感棘手。

軍政部方署長報告：

平津區現在無法撥交數千馬匹。

軍政部林次長意見（決議）：

1. 梧州至廣州間新一軍所要之運輸，仍令於十二月十五日前完成，兵站機關，按緩急先後，盡力辦理。

2. 英方允直接協助海運，應向魏德邁將軍委婉說明，免美方誤會。

3. 一面向英方交涉，海運馬匹；一面仍自行在北方準備，就地撥配騾馬。

主席意見：

向美方說明英方助我海運一層，僅表示我方現在有此擬議，不露英方業已允諾之事實。

二、白司令雨生報告

（一）接收美方物資情形

　　雲南方面接收美軍之物資，除工廠外，計車輛一萬三千，物資九萬噸，接收後如何運輸？乃為最大之問題。

1. 欲將接收車輛，全部用於運輸，則月需酒精六百萬加侖（汽油對折），機油三十萬加侖，設因油料缺乏而致停用之車輛，三月後，輪胎及部分機械均將損壞，現後方全部酒精生產量，每月為一百五十萬加侖，計已加入運輸之車輛約為兩千，即月需酒精八十至百萬加侖，如全部車輛加入運輸，相差甚大。

   美方所移交之汽油，計二百萬加侖，至十二月二十五日，即將用完，到時全部車輛，均將停駛。

2. 目前每月運輸量為一萬噸，過此即無法增加；聞上海此刻到油甚多，請設法運至洞庭湖，俾雲南開至芷江之車輛，卸下彈藥後，不使空車駛回，改裝油料。

（二）查運輸量既有限制，而阿爾發部隊之彈藥四噸，亟待運輸，請規定緩急先後，免輕重倒置。

後勤總部郗參謀長報告：

1. 上海目前存油係美方軍油，因油池、油桶缺乏，大量囤儲與移運，均成問題。

2. 後方酒精生產，每月原為二百萬噸，現已減至六十萬噸，如欲增產，須將各廠存油運走，然油桶缺少，取運困難；本問題複雜，容主管機關自行研究計畫。

3. 以後調動部隊時，請軍令部注意，使用車運，須有限

制，否則存油消耗於運部隊者多，用於運彈藥者少。

軍政部林次長意見（決議）：

1. 後勤總部將西南至下月底即無油停車之情形，具報行
　政院。

2. 請軍令部將物資運送之緩急先後次序，根據軍事需
　要，列表交白司令攜回。

三、軍令部報告

（一）北調部隊棉服發給案（張廳長）

　　北調部隊運輸次序，先新六軍、次新一軍、再次
六十軍、九十三軍及其他部隊，約需時二十五日，始能
將新六軍運畢，故其餘各部隊之棉服，基於季節需要，
應發給後再開始上船北調。

軍政部陳署長意見：

1. 越南接收之服裝，品種複雜，現正商同盧司令官，另
　行製發；

2. 青島存儲軍服材料甚多，故越南能製備者即行就地製
　發，不足者即由青島製備，無論部隊北調早遲，以
　先行南運發給為原則。

（二）由葫蘆島補給接收東北部隊案（張廳長）

　　二十三日杜聿明長官來電，謂葫蘆島破壞不大，以
後補給，即運該處。

（三）三峽要塞保管案（張廳長）

　　宜昌至萬縣沿江之要塞，現無部隊守護，係交地
方政府保管，經考慮結果，仍以破壞為原則，其理由
如次：

1. 純係防守江面，爾後用途甚少。

2. 交地方政府保管，實際等於無人保管，萬一為匪佔
   領，勢將防礙交通。

　　查要塞平時為軍政部負責守備，是否計畫保留？否
則請破壞為佳。

軍政部林次長綜合意見：

1. 除必要者保留外，餘悉破壞：

2. 破壞之法，用洋灰封閉，或用炸藥爆毀，擇其最經濟
   者行之；

3. 交軍政部軍務署研究後，計畫辦理之。

（四）統一派遣暹使節案（鄭廳長）

　　因保護暹邏僑胞事，軍委會、軍統局、海外部、三
青團、第四戰區、廣東省政府，均各別派員前往交涉，
言行互異，步調各殊，外人觀感欠佳，應統一派遣，以
正觀聽。

主席意見：

請示委座，統一派遣。

（五）海運忠義救國軍北上案（第一廳，從略）

（六）增運突擊總隊赴北平案（第一廳）

　　委座對突擊隊使用於北方一事，曾三次手令辦理；
杜聿明長官亦要求控置一部於北平，以備使用；此際研
究如何將散佈各點之部隊，儘速運至北平。

　　依戰術上之要求，使用單位至少須一個大隊，每大
隊為五個中隊，每中隊計一百五十八人。

　　目前我國共有四個大隊，茲決定先空運一個大隊至
北平，再逐次空運其他三個大隊。

　　現已由南京空運二個中隊至北平，衡陽之一個中隊正指定車運至武漢，再行空運，在廣州者，亦須加速運往。

　　請後勤總部負後方集中之責，航委會負自集中地空運至北平之責。

航委會周主任意見：

1. 我方一般駕駛人員，不熟習此項技術，故目前之運輸可以負責，將來之使用，則頗成問題；

2. 傘兵部隊降落後之補給，最為重要，目前我方亦無多餘運輸機使用於此方面；

3. 查現在四個大隊共三千一百餘人，能跳傘者僅九百八十一人，居五分之三之主力，尚在昆明；

4. 戰術上之使用單位既為五個中隊，但目前我方飛機數量，即無同時運送降落此項單位之能力，僅能作二個中隊之運送。

後勤總部郗參謀長報告：

現有十三個汽車兵團，因缺油料，僅用三個團，故無力量分擔突擊部隊之集中工作。

軍政部林次長意見（決議）：

在廣州者集中上海，在昆明者集中武漢，可小規模使用。

主席意見（決議）：

仍須準備使用。

四、軍政部報告

（一）冀省保安團隊給與標準案

　　偽軍門致中部改編為冀省保安團隊，目前地方無款

支付，須由中央補助，經本部部長陳在平與孫長官商訂，給與相當補助費，數字極低，業經公佈，奉飭向本會報提出報告。（書面提案從略）

主席綜合意見：

既經規定公佈，故限於報告性質，各種意見，即予保留。

（二）俘虜待遇案（陳署長）

　　魏德邁將軍謂降俘待遇，超過我國軍，似應改正此種現象，其實實際情形，全非如此：

1. 日本投降時，私行儲備之食品糧秣，超過其所報數字，難於清出，故我方雖僅按照新給與發給主副食及零用費，其實際生活或較國軍為佳，惟此項私存食物用盡後，其生活必然低於國軍；

2. 目前可否比照國軍略為減低給與標準？陸軍總部蕭參謀長主張既經宣佈，不必再事更改。

軍政部林次長意見（決議）：

可否減低待遇，簽呈請委座核示。

（三）調赴東北部隊使用貨幣問題（陳署長）：

　　東北物價，極為安定，第恐法幣到達時，發生劇烈波動計，現正計議發行東北流通券，杜聿明長官電請委座送發此項貨幣一億元，而財政部則謂仍在考慮研究中，杜長官以部隊業已開始進入東北，為應急起見，擬就現行法幣加印「東北流通券保安司令長官杜聿明」等字，即刻行使，究應如何處理？

主席綜合意見（決議）：

請示委座決定。

（四）運送越南傷兵回國案（軍醫署吳雲菴、後勤總部
　　　錢繩武）

　　越南傷病兵共有六千，但僅有臨時醫院四個，衛生
材料及衛生人員，均感缺乏，請再增派四個衛生機關前
往；至運送回國一層，到雲南者即經蒙自運回，其餘則
向廣西運送。

軍政部林次長意見（決議）：

傷病兵運送回國之佈置，須預為準備籌畫。

五、撫䘏委員會報告（吳主任子健）

（一）〈旌獎抗戰烈士計畫辦法〉，書面提出報告。
　　　（茲從略）

（二）遵上次會報主席指示，蒐集此次來渝會議各高級
　　　將領之批評，茲報告三點：

1. 方先覺謂衡陽之役，忠骨七千，前請准建築公墓費兩
　 千萬元，以便瘞葬，經交軍政部辦理，現已收復，
　 應即實施；

2. 抗戰陣亡將士係提高一級給䘏，查戰前剿匪時期，則
　 係就原級辦理；此次剿匪，各將領之意見，仍請按
　 照抗戰時之成規給䘏，免致影響士氣；撫䘏委員會
　 擬在正式復員前，不變更給䘏之規定；

3. 抗戰中，前線病故將士，各將領之意見，以為多係
　 衛生勤務不健全之所致，請與陣亡者同樣給䘏，如
　 何？請公決。

軍政部陳署長報告：

緬北陣亡將士公墓，美方已代我築就。

軍政部林次長之意見：

1. 衡陽公墓，似可先行發款建築。

2. 給卹額，剿匪似應與抗戰同。

3. 查抗戰中前線病故將士，既按照規定給卹已久，不必變更。

4. 國外公墓，更應特別注意辦理。

主席意見（決議）：

（一）緬北公墓，須加調查，不合我國要求者，須加以改建。

（二）〈旌獎抗戰烈士計畫辦法〉，由撫卹委員會召開小組會議，再加研究，各單位派遣熱心此種研究之人員出席，前線作戰部隊長在渝者，亦約其參加，以期適當週密。

六、銓敘廳報告（錢廳長）

　　各軍官總隊之編餘軍官，不乏優秀之材，本人曾就重慶軍官總隊中之將級編餘人員，分別面詢，證明確屬事實。

　　銓敘廳曾選調服務者五十餘員，成績均佳，已逐漸補授實職，以後各單位需用人員及全國新成立機構時，應一律就軍官總隊編餘人員中選用，用符安置之旨趣。

主席意見（決議）：

通行全國各機關部隊學校遵辦。

七、軍政部林次長臨時提案

　　本部部長適才電話囑將北方及東北軍事上有關問

題，提出兩點，供有關機關參考：

1. 彈藥問題

「阿爾發部隊攜帶彈藥甚少，剛開始戰鬥，即感彈
藥缺乏，以後須飭本身多帶；至未帶足者，臨時辦
法空運補給，根本辦法，仍在車運。初意，在空運與
車運之間，如不濟急時，擬借用美軍陸戰隊之彈藥，
但美方未肯；至空運一層，美方亦謂飛機既已移交我
方，應自行運輸，但我缺乏汽油，實亦難以指望。」
查該方面現有三個軍作戰，亟需彈藥，縱用空運，
時間亦恐難以濟急，問題至為嚴重，請後勤總部及
航空委員會研究辦法補就。

2. 戰術問題

「部隊佔領錦州後，似應作戰略上之周到之準備與
顧慮，再圖推進。」此點提供軍令部參考。

屬軍政部主管辦理事項清理一覽表

事項摘要	篇頁	經辦單位
次長林： 新一軍北調，除一面向英方交涉，請以登陸艇協助運輸馬匹外，一面仍自行在北方準備，就地撥配降敵馬匹	三篇二頁	軍務署
次長林： 後勤總部，將西南至十二月底無油停車之情形，具報行政院	四篇二頁	後勤總部
決議： 在廣州、越南北調之部隊，須將棉服發給後，始上船海運	五篇一頁	軍需署
次長林： 三峽要塞，應予破壞，惟究應封閉或爆燬，由軍務署研究計劃辦理之	五篇二頁	軍務署
次長林： 後勤總部計劃將突擊部隊分別集中上海、漢口兩地，以便空運北平	六篇二頁 七篇一頁	後勤總部
次長林： 日俘待遇可否減低，簽呈請委座核示	八篇一頁	軍需署
決議： 開赴東北部隊在東北使用之貨幣如何辦理，請示委座決定	八篇二頁	軍需署
次長林： 越南傷病兵運送回國之佈置，須預為準備籌畫	八篇二頁	後勤總部
次長林： 衡陽公墓，似可先行發款建築	九篇二頁	軍需署
次長林： 向東北及北方推進之三個軍，彈藥缺乏，情形嚴重，請後勤總部及航委會速行研究辦法補救	十篇二頁	後勤總部

軍事委員會聯合業務會報
第十四次會報記錄

時　　間：三十四年十二月三日下午三時至四時五十分
地　　點：軍令部兵棋室
出席人員：辦公廳　　賀國光　劉祖舜
　　　　　軍務局　　趙桂森
　　　　　軍令部　　劉　斐　秦德純　廉壯秋
　　　　　　　　　　唐君鉑
　　　　　軍政部　　林　蔚　郭汝瑰
　　　　　軍訓部　　劉士毅
　　　　　政治部　　袁守謙
　　　　　後勤總部　黃鎮球　端木傑　郗恩綏
　　　　　撫委會　　吳子健
　　　　　銓敘廳　　錢卓倫
主　　席：軍令部徐部長
記　　錄：張一為

會報經過
一、辦公廳報告
　　下星期紀念週有無特別工作報告？
決議：
由海軍考選委員會姚總幹事報告該會過去工作概況。

二、軍務局報告（趙副局長）

（一）澈查第八軍之械彈報銷案

第八軍攜彈藥甚少，子彈帶亦未攜帶，最近且電呈無刺刀，陳述作戰困難，情形緊急，查調遣該軍時，軍令部究否曾規定其攜帶彈藥多少？子彈帶及刺刀軍政部曾否發給？請發別查明，以明責任。

（二）調動部隊時對彈藥之攜帶應予規定

以後調動部隊時，對彈藥之攜帶，應予規定，免開始作戰，即感缺乏。

（三）簡化補充彈藥之請求手續

航委會以前方各部隊機關要求空運彈藥之文電，一件事而有若干之接洽，且彈種、彈數以及時間、地點，亦不一致，請通令規定以後應一律向後勤總部請求，由其呈請委座核定。

後勤總部郗參謀長報告：

1. 第八軍謂運輸輪沉沒，致子彈帶遭受損失一事，情節殊屬可疑；

2. 已用中航機由芷江運送彈藥百噸至青島；

3. 已在上海存儲彈藥，惟待覓船運輸補充；

4. 部隊調動時，本身應攜待之彈藥，業經分別詳細規定；

5. 阿爾發部隊之裝備未補充齊備，確屬事實，美方對已補充及未補充之數目，均列有詳表交來，後勤總部當速為印發有關機關參考。

軍令部劉次長意見：

1. 第八軍藉詞報銷軍品，應行澈查，以肅軍紀；

2. 委座一日萬幾，各部隊不向主管機關請求補充彈藥，

常以此等事故分擾其精神，應通令糾正。

3. 委座指示今後各機關行文，務求簡化手續，尊重系統，軍令部對參謀業務即行加以整理，規定行文手續與系統，各單位如收到非其主管範圍內之文電，應復退不理。

主席意見：

1. 第八軍不法報銷軍品，且貽誤戎機，應查明處分，整飭紀律，現一面令其申復，一面令張長官查報；

2. 後勤總部會同軍令部研究，規定各部隊請領彈藥之時機，不得動輒以彈盡為詞，規避作戰任務。

三、軍令部報告

（一）委座官邸會報決定兩點（廉副廳長）

1. 通令各部隊、各綏靖區，對於軍事需要，仍適用軍法；
2. 北寧護路司令杜建時，改派牟廷芳充任。

決議：

1. 交軍政部軍法司，通令剿匪區域軍事機關及部隊知照；
2. 軍令部會軍政部辦理。

（二）軍令部還都之營房問題（廉壯秋）

據本部管理科長自南京來電，謂設營委員會對原參謀本部之營房，未全分配於本部，請賀主任令負責人全部撥還。

後勤總部黃代總司令意見：

1. 後勤總部原指定用交輜學校之營房，惟該處現儲彈藥七千噸，且仍在繼續運儲中，已屬無望；部長陳最近指定用炮標之營房，現亦被人住用，究應如何撥配？

2. 辦公廳可否再派專人前往請示總長，提出整個分配
　　辦法；

3. 還都營房分配，陸軍總部未計算在內，該部將仍在
　　南京，似應列入，統籌分配。

銓敘廳錢廳長意見：

如依「各用原有營房之規定」，則銓敘廳離都時為二百
餘人，因擴大編制，現有六百餘人，實不能容納，請據
實際需要分配。

軍政部林次長意見：

1. 還都後軍事機關集中辦公，乃將來營房添建完成後之
　　辦法，現在過渡時期，各單位似可暫住原有之營房；

2. 後勤總部住炮標之營房，請示總長辦理。

主席意見：

現在配給各機關之營房，因偽組織各機關圈用若干民
房，勢須發還，故可靠性小；又應添建者，軍政部雖承
認發款，但何時能用，亦成問題，此刻應針對實際情
形，妥為籌畫。

決議：

暫各用原有營房。

（三）各級司令部組織第五處案（劉次長）

　　美方建議各級司令部須組織第五處，辦理戰地政
務，業經委座批准，查國軍將來出國或參加國際戰爭，
第五處實屬必要，當此綏靖期間，有政治部即可擔任戰
地政務，不必另組機構，惟第五處之戰地政務係屬對外
性質，將來於平時仍須注意健全此項準備。

（四）蘇機要求飛越我國領空案（劉次長）

　　蘇聯駐華大使館向我外部交涉，擬由東北派機經我沿海領空飛河內接運其僑民，外交部送軍令部研究（以下略）。

（五）注意奸匪構築機場之情報案（劉次長）

　　近來奸匪有在各地構築機場情形，應通令有關部隊機關注意蒐集是項情報。

四、軍政部報告

（一）林次長說明本部還都準備情形

　　行政院令本部速行還都，因業務與軍委會有密切關係，故現分成兩部，以一部隨同行政院移動，以一部留住此間與軍委會聯繫，並決定後勤總部隨同先行還都。

　　職員還都費用，行政院尚未頒佈規定，本部現暫行每人發給十萬元，並行李搬運費兩萬元，將來照規定多退少補。

郗參謀長報告：

現僅撥有川江輪船十一隻，噸位均小，以十二月份水位計，渝宜段每月往返三次，總計還都運輸量不過三千噸，明年一月份水位更將減低，運輸量自亦減小，現交通部計畫利用小輪船拖運大木船，增加運輸量。

五、後勤總部報告

　　調動駐滇炮工部隊及突擊部隊需用汽油案（黃代總司令）

　　據白司令來電稱：「軍令部電飭發給由滇調出之炮

工部隊及由滇粵調出之突擊部隊所需之汽油，如照命令辦理，共須發約一百八十萬加侖（炮工部隊約一百五十萬，突擊部隊約三十萬），而現在存油量僅約百萬加侖，請示此項存油，究仍繼續使用於運送彈藥？抑改運突擊部隊及炮工部隊？」

查十三軍及九十四軍之炮兵營，因該軍已參加綏靖，可以先運，又野炮兵三個團及一個重迫炮團，總計需油三十萬加侖，可以照發，至於工兵第二十團，可以徒步移動，渡河及特種工程之兩個團與突擊隊，似可暫緩。

以後軍令部調動部隊需用汽油車運時，請先直接與後勤總部商洽，以便統籌。

郗參謀長說明：

現存汽油，即將用罄，購者尚未運到，明年一月份為汽油中斷時期，過此即可恢復供給。

主席意見：

1. 部隊調動時，事實上必就地留下若干人馬軍品，各部隊呈報車運數量時，未除出此項數字，勢應加以清理。

2. 何者宜車運？何者可步行？軍令部第一廳妥為從新計畫。

3. 突擊部隊可以緩調，惟委座在軍事上需要此種部隊時即將使用，故輸送緩急先後，軍令部須適切決定。

關於此等問題，軍令部即派人與後勤總部面商，不用公文，免誤時間。

待辦事項清理一覽表

未指定單位者	一、第八軍不法報銷軍品，且貽誤戎機應予澈查	三篇一頁未指定由何單位辦理
屬軍令部者	二、通令注意蒐集奸匪構築機場之情報	五篇一頁
	三、調動駐滇炮、工部隊及滇粵突擊部隊之緩急先後，軍令部即與後勤總部商定，不用公文，免誤時間	六篇二頁
	軍令部即遵照委座指示，整理參謀業務，規定行文手續與系統	二篇二頁
屬軍政部者	四、通令剿匪區域軍事機關及部隊，對於軍事需要，仍適用軍法，交軍政部軍法司辦理	三篇一頁
屬後勤總部	五、後勤總部會同軍令部研究，規定各部隊請領彈藥時機	三篇一頁
	六、後勤總部還都駐炮標之營房，請示總長辦理	四篇一頁

軍事委員會聯合業務會報
第十五次會報記錄

時　　間：三十四年十二月十日下午三時至五時五十分
地　　點：軍令部兵棋室
出席人員：辦公廳　　周亞衛　劉祖舜
　　　　　軍務局　　趙桂森
　　　　　行政院　　范　實
　　　　　軍令部　　秦德純　張秉均　鄭介民
　　　　　　　　　　許朗軒
　　　　　軍政部　　林　蔚　方　天　嚴　寬
　　　　　軍訓部　　徐文明
　　　　　後勤總部　黃鎮球　端木傑　郜恩綏
　　　　　撫委會　　吳子健
主　　席：軍令部徐部長
紀　　錄：張一為

會報經過
一、辦公廳報告
（一）軍令部第二廳設置第五處案（周處長）

　　美軍總部建議於參謀總部及主要參謀部以至各級司令部內成立 G5 處即第五處，辦理戰地民政事務，委座批：「軍令部可酌設第五處，儲備適當人才，至各部隊，除駐日本、韓國、越南各軍司令部內可以設置外，其他無設置必要。」軍令部奉此，即擬於第二廳內成立第五處，內轄兩科，綜理國外戰地政務業務，呈擬編制

到會,核尚可行,擬予照准,惟經會軍政部結果,軍務
署主張應照第十四次聯合業務會報決定,暫不成立,究
應如何?請公決。

軍令部鄭廳長意見:

1. 第五處之設置,乃國防計畫內參謀本部業務上須有此
   準備;

2. 現在雖不需要,但將來國防作戰,實屬必要,故平時
   須預為準備。

軍政部林次長意見:

1. 上次會報,業經決定將戰地政務業務,交由政治部辦
   理,不必再專門成立機構;

2. 事實上我國政治部即可擔任戰地政務業務,如將戰
   地政務業務視為參謀業務,目前對第五處之成立問
   題,似亦應保留,將來再議。

決議:

保留此問題,將來再議。

(二)統一核准外國飛機飛越我國領空案(劉組長)

　　外國飛機請求飛越我國領空,為統一事權,核准機
關應指定概由航委會負責,不應似現在之頭緒多端,以
致漫無限制。

軍令部鄭廳長說明:

已規定統由航委會核辦,戰區司令長官,無權管理
此事。

二、軍令部報告

（一）調整指揮系統案（張廳長）

此次調整部署與變更序列後，各綏靖戰鬥指導，均歸何兼總司令負責指導實施，則今後本會對各戰列部隊（行營、綏署、長官司令部、綏靖區部、集團軍總部、警備總部等）自不宜直接指導，以免重複紛歧，茲擬具調整本會與陸軍總部及各戰列部隊間行文辦法，俟呈核後即通飭施行：

1. 綏靖計畫命令，由本會授與陸軍總部；
2. 陸軍總部遵照本會各項指示擬定實施計畫辦法，呈會核准施行；
3. 各戰場主要戰報、情報及兵團移調等，陸軍總部應逐日報會；
4. 各戰列部隊有關綏靖請示事項，以逐呈陸軍總部核辦為原則，如情節重大，陸軍總部不能解決者，始得逕呈本會；
5. 各戰列部隊對戰報、情報與部隊移調等，仍照舊例分呈本會。
6. ……

軍政部林次長意見：

第六條規定過於硬性，似宜刪除各戰鬥部隊有不依規定逕行呈會之事項，委座如有指示，可一面辦復，一面令陸軍總部知照。

主席綜合意見：

修正簽呈委座核示後，再通飭遵辦。

（二）軍令部還都之營房問題（秦次長）

　　據盛科長電稱，舊參謀本部房屋劃歸國府，陳局長希曾催遷出甚急，軍令部還都無營房可用，請設法另建。

主席說明：

劉次長已與陳局長面商，舊參謀本部房屋，仍歸軍令部使用，即電覆盛科長知照。

（三）蘇北挺進軍總副指揮部調整案（許處長）

　　江蘇省主席王懋功十一月兩電辭蘇北挺進軍總指揮兼職，並請以副總指揮陳泰運升充，原兼副總指揮賈韞山請辭兼職，擬請照准，取銷副總指揮及副總指揮部，以期簡化機構。

　　查本案正由軍政部電請王主席將該挺進軍總、副兩指揮部所屬部隊，一律改為蘇省保安團隊，指揮機構，當然撤銷，本部核議，陳泰運由銓敍廳安插，其餘編餘人員，照編餘官兵安置辦法辦理，可否？請公決。

軍政部林次長意見（決議）：

陳泰運由銓敍廳核給名義，交顧長官任用，餘照核議辦法辦理。

（四）調赴陝西之青年軍第九軍整理案（許處長）

　　青年軍第九軍調赴陝西，已辦亥魚令一亨調電，並分行軍政部知照在案，查該軍開拔在即，依目前狀況，似有整理之必要：

1. 委座明令青年軍明年五月退伍，退伍前完成預備軍官教育，勢在必行；

2. 如按期退伍，似可不必調赴陝西，免徒勞往返，現委座既經令調，則退伍時間，勢須延長；

3. 查青年軍中有少數思想不穩分子，如須調動，似應施
   行肅清工作，否則，彼等利用機會鼓動宣傳，不僅
   沿途增加逃亡，到達西安，與延安接近，顧慮殊多；

4. 以二〇三師為例，官兵共約一萬人，青年學生僅六千
   人，專科以上學生僅六百人，加入不穩分子不過千
   人，根據測驗結果大多數均願作職業軍人，淘汰少
   數，補充當無問題。

5. 茲建議淘汰辦法數項：

   (1) 不明令施行，授權鍾軍長便宜行事，免其他青年
       軍請求援例；

   (2) 淘汰方式，避免使用正面辦法，利用體格檢查，
       准許請求提前退伍等施行為有利。

6. 甄別後所生之缺額，由該軍自行募補；

7. 本案擬請示委座決定。

軍政部林次長意見

1. 教育未按計劃完成時，明年五月仍不能退伍，至委座
   有意不准退伍時，當另行設法延長；

2. 屆退伍時，如不願退伍者，可選送軍校受訓。

決議：

交軍政部考慮研究。

（五）與後勤總部商訂調動駐滇炮工及突擊各部隊案
　　　（許處長）

　　根據上次會報決定，與後勤總部商訂調動駐滇炮工
部隊及滇粵突擊部隊，緩急先後一案，依杜長官之意
見，突擊部隊仍盼派車二百二十輛運至長沙，以便火車
運至武漢，後勤總部對此項汽車雖可派出，但對彈藥運

輸即無法繼續。

後勤總部黃代總司令意見：

突擊部隊既非急用兵種，請軍令部下令緩調。

後勤總部端木副總司令意見：

1. 現接收之汽車八千輛，有一半須加修理後，始能使用，且何時始能修理完竣，尚難確定；

2. 現在請求撥汽車者多，裝甲部隊一百五十輛，昆明及楚雄軍官總隊各五十輛，遵義軍官總隊一百一十輛，青年軍第九軍一百七十七輛（以一連一輛計，每師各八十六輛，軍部五輛），突擊部隊二百二十輛。

軍政部林次長綜合意見（決議）：

1. 軍官總隊調動，宜改步行；

2. 昆明軍官總隊先行開拔，楚雄者次之，遵義者待璧山青年軍調走有營房可用時，再行令調；

3. 青年軍第八軍調赴陝西，宜採用步行，可撥少數汽車運輸行李。

主席意見：

航委會周主任謂我方空軍不能投降傘兵，並謂已報告委座，惟係口述，軍令部第一廳即行去文，請求用書面回復，俾資有確實準據。

決議：

1. 突擊部隊緩調；

2. 各軍官總隊移動時，各撥汽車十輛運輸行李，俟到達目的地時，再加派汽車運輸眷屬；

3. 青年軍第八軍照要求數撥汽車三分之一，計六十輛，用於運輸行李，規定按照每日徒步行軍之途程，往

返三次，俾足汽車一日之行程。

（六）使用特製航空信袋增進軍事通信效率案（許
處長）

本會與陸軍總部之通信，使用無線電，效率既低，
且不機密，因無有線電可資利用，擬建議使用特製信
袋，凡重要之公文，即併裝此袋內，交陸軍總部在渝之
辦公處，利用航委會軍用機及中航機遞送，每日均可發
出，當日即可到達，迅速而且確實。

軍政部林次長意見（決議）：

1. 渝京航空班次，日日均有，固定利用中航機，不必利
用軍用機亦可；

2. 最好每個信袋特製一鎖，渝京兩地各存鑰匙一把，開
鎖指定專人負責，以期保守機密；

3. 重慶中央各部，每日均與陸軍總部發生聯繫，為統一
遞送起見，以交由「軍郵收集所」辦理為較便。

主席意見（決議）：

1. 對北平、長春兩地之通信，現在每日均有航委會軍用
機飛行，亦可採取此項辦法施行；

2. 與陸軍總部聯繫，不必全行利用赴京之飛機，凡航駛
上海者，亦可令其在京特別降落遞送；

3. 後勤總部一併研究實施辦法，通報各機關照辦。

（七）迅速處理來電辦法案（許處長）

各處來會之電報，向由機要室分別抄成正副張，將
正張送主辦單位（各部會或軍務局），副張送有關單位
（軍務局或各部會），茲建議請規定一確切準據，以免
有所遲誤。

決議：

正副張分法，由辦公廳詳細規定，通知各單位知照。

（八）潘文華部隊東調遲緩到達防地案（許處長）

　　　許處長報告及端木副總司令答復，從略。

（九）澈查第八軍違法行動案（許處長）

　　　上次會報決定第八軍非法報銷軍品，應予澈底查究一案，查第八軍奉命兼程趕至廣州，行程甚遠，又屬徒步，疲勞極大，以致兵員逃亡甚多，無法隨隊攜走之軍品，自屬不少。珠江沉船一事，確屬嚴重慘劇，故情節尚屬可原。

軍政部林次長意見：

第八軍現在膠濟路，任務重大，所缺兵員，應予補充，即令李延年撥補補充兵，並令第八軍軍長知照。

三、軍政部報告

（一）明年度軍費預算案（林次長）

　　　明年度軍費預算，前有本部列報為五萬億元，經行政院修改為一萬九千億元，除去航空部門，則為一萬五千億元，軍政部再照此呈出，前日行政院指示，仍須減少，數字約不到一萬億元，且明年度預算，此刻尚無法確定，指示各部即暫以今年十二月份支付數之伸算數為標準，計畫施政程度，詳細分配情形，俟院令到達時，再行通知。

（二）偽軍整編後番號意義之取決案（方署長）

　　　按照偽軍處理辦法，在整編之列者，業經加以整編，依部隊大小，分別編成路、縱、總隊及團，一概用

新編或暫編二字冠於其上，究以何種意義為合理，提請
公決。

林次長、主席意見（決議）：

新者對舊者而言，暫者對永久而言，偽軍終須編併遣
散，故以用暫編二字較為相宜。

屬軍政部主管辦理事項清理一覽表

事項摘要	篇頁	經辦單位
決議： 軍令部建議青年軍第九軍調陝前之整理辦法，交軍政部考慮研究	五篇二頁	軍務署
決議： 偽軍整編後之番號取義，不用新編兩字，一律冠以暫編意義，為較妥當	八篇二頁	軍務署
次長林 第八軍所缺兵員甚多，在膠濟路任務重大，應令李延年就近設法補充，並令第八軍軍長知照	八篇一頁	兵役署
決議： 調動滇黔軍官總隊及青年軍第九軍撥用汽車數量決定原則	六篇二頁	後勤總部
決議： 由後勤總部研究，使用特製信袋，對南京、北平、長春三處利用飛機遞送重要公文實施辦法，通報各機關照辦	七篇一頁	後勤總部

軍事委員會聯合業務會報
第十六次會報記錄

時　　間：三十四年十二月十七日下午三時至五時十分
地　　點：軍令部兵棋室
出席人員：辦公廳　　　賀國光　劉祖舜
　　　　　軍務局　　　趙桂森
　　　　　軍令部　　　劉　斐　秦德純　鄭介民
　　　　　　　　　　　廉壯秋　許朗軒
　　　　　軍政部　　　林　蔚　郭汝瑰
　　　　　後勤總部　　黃鎮球　端木傑　郗恩綏
　　　　　航委會　　　周至柔
　　　　　撫委會　　　吳子健
　　　　　銓敘廳　　　錢卓倫
　　　　　憲兵司令部　張　鎮
主　　席：軍令部徐部長
記　　錄：張一為

會報經過
一、辦公廳報告
（一）加強軍風紀巡察團第二、三兩團組織案

　　本廳以失地收復，巡察區域擴大，乃照一、四兩團組織，將二、三兩團組織擴大，呈請委座核准，各增設人員七員，並辦會令發表在案；現軍政部以節省國帑，請緩予加強，究應如何？提請公決。

辦公廳劉組長意見：

查軍風紀巡察團，由黨政軍民各方混合組織而成，故欠健全，可否澈底調整？

軍務局趙副局長說明：

委座最近指示參軍處，飭指導軍風紀巡察團，須組織簡單，待遇改良，使工作發生效力，此際尚未將整理辦法呈出。

銓敘廳錢廳長說明：

本席經辦人事，八年以來，即知軍風紀巡察團報請獎懲案件極少，有之亦屬有獎無懲，衡之實際，確無工作可言。

軍令部劉次長意見：

巡察性質之機構，根據事實昭示，以少運用派遣為佳。

軍政部林次長意見（決議）：

欲使軍風紀巡察團所掌業務發生作用，應將組織加以調整，巡察區域，應側重剿匪地區，重新規劃。

主席意見（決議）：

參軍處擬就整理辦法後，交辦公廳併案辦理。

二、軍令部報告

（一）北平軍事指揮機構問題（廉副廳長）

委座交下北平補給區司令呈陳部長電一件，謂行營組織不健全，呂文貞辦事越職，請設法改善等語，但未述及詳細情形，軍令部對此種人事問題，亦覺不易作適當處理，特提供研究，期得合理處置。

軍政部林次長意見：

呂文貞辦事雖越職，據聞持身尚稱廉潔。

決議：

電復飭其具申改善意見後，再作適當處理。

（二）空運坦克幹部至北平案（廉副廳長）

北平已集有足編制一營之坦克，極待空運幹部前往，以便即行編組訓練，而期早日使用；惟飛機此刻不暇擔任是項輸送，已簽軍政部，共同作適當決定。

軍政部郭副署長說明：

編組坦克部隊，僅有熟練幹部，仍不能即行使用，蓋兵卒訓練，須時三月也。

航委會周主任說明：

委座令本會飛機，對長春空運有餘時，即運彈藥至北平，目前無力派出擔任其他空運。

後勤總部郗參謀長謂：

全營官兵共五百八十餘人，每機僅能載運二十餘人。

軍令部劉次長意見：

因收復張家口，極需坦克部隊補助，幹部仍應設法運往。

軍政部林次長意見：

後勤總部函知交通部，請派中航機擔任此項空運。

決議：

即計畫使用中航機擔任送坦克幹部，一面由軍政部辦會令飭交通部照辦，一面由後勤總部去函商派，公私併進，以期迅速。

（三）空運次序決定問題（廉副廳長）

空運會議，乃逐週決定空運之先後次序，此與聯合業務會報有密切關係，請周主任常川出席聯合業務會報，以便連繫。

航委會周主任意見：

航委會希望在委座之下，有一機關，統一權衡緩急，逐週決定空運次序，使任務接受，手續簡切，次序一貫。

主席意見（決議）：

以後空運會議，即在聯合業務會報終了後，有關人員留席繼續舉行。

（四）總長請以兩個空軍地區司令部歸入指揮擔任空運
　　　及空軍運用案（廉副廳長）

總長望空軍在剿匪區域之要點，設置兩地區司令部，以便指揮作戰。

航委會周主任意見：

1. 空運部份委座已准免派運輸機歸陸軍總部指揮。

2. 空軍指揮問題，本會意見如左：

　（1）航委會對空軍使用，釐訂兩項重要原則，即「指揮統一」與「使用集中」是也，現在陸軍總部使用空軍，分屬至集團軍總司令以下，不僅減低效力，且修理補給，均不便利。美方亦建議在目前情況下，我國空軍以集中使用為有利。

　（2）本人希望陸軍總部今後使用空軍，即直接指揮航委會遵辦，較能發揮空軍效力，無須單獨指揮兩個地區司令部，免亂指揮系統。

(3) 分割至陸軍使用時，部隊中有未能盡悉新式飛機之性能者，故指示任務，常多隔膜，以後部隊長希望空軍協力時，只指示任務範圍與希望即可，至用何種飛機擔任實施，由空軍指揮機關自行決定，較切實際。

(4) 明日即派一高級參謀飛京，請何兼總司令採納航委會之意見。

決議：

本案即候由航委會派高級人員赴京請示總長後再議。

（五）委座手令調整人事案（廉副廳長）

委座手令：4AG總司令李興中如願就軍區司令職，遺4AG總司令缺，即以王敬久調充，由軍政部徵詢李本人意見，等因，該案已代電軍政部辦理在案，迄今尚未解決，應如何辦理？請公決。

軍令部劉次長意見（決議）：

由軍政部電劉長官經扶徵求李興中意見，如其願就軍區司令時，軍政部即須備缺。

（六）青年軍第九軍請撥汽車案（廉副廳長）

鍾軍長來部面請每師撥汽車五十輛，一面運輸行李、病兵，一面因減輕攜帶，可以減少逃亡，請後勤總部迅予撥派。

後勤總部端木副總司令意見：

1. 原規定每師派車五十輛，預訂一次運完，後奉委座命令為循環輸送，使本部實施困難；

2. 已與鍾軍長商定，得其同意，共撥車三十八輛，除軍部八輛外，餘平均分配各師。

軍令部劉次長意見（決議）：

由軍令部與後勤總部會同鍾軍長解決，修正命令。

（七）調整特種兵序列辦法案（許處長）

　　新序列發表後，全國各砲工、通信等特種部隊，亟待重新律定其序列，茲與軍政部會同擬定計劃表三份，當否？請核示。

軍政部郭副署長說明：

陸軍總部工兵指揮部直接呈送本署工兵司之「工兵部隊序列調整辦法」與軍令、軍政兩部之意見不同。

軍政部林次長意見（決議）：

調整特種兵序列，應顧慮者為運輸問題，須加以注意，本案先請示總長意見後，再頒明令。

（八）韓國光復軍問題（鄭廳長）

　　在反攻前，韓方請准委座，將光復軍之五個縱隊擴編成五個師，加以裝備，現在韓方以日俘中不乏韓人，擬挑出成立此項部隊，請我方將本案赴諸實施；查日本業已投降，為顧慮國際關係、國內財力及將來運回韓之交通種種問題，似可作罷；惟吾國幫助韓方，為傳統國策，擬變通辦法，作如次之建議，簽請委座核示：

1. 將日俘中之韓人使與日人隔離，另行管理，以示我方親熱之忱，再幫助在我國之韓方當局吸收此類韓人，加以宣傳，使其回國後有利於將來中韓良好關係之建樹：

2. 由我方代為訓練兩百名左右之幹部，使光復軍回國後，即可編組為韓國之國軍。

主席意見（決議）：

如擬簽請委作核示。

（九）國際問題研究所隸屬問題（鄭廳長）：

　　主座近下兩手令：其一為國際問題研究所仍然獨立，但業務歸軍令部指導；其二為國際問題研究工作，須從新規定，即與王主任連繫商訂，其關係究應如何確定，請公決。

軍令部劉次長意見：

1. 國際問題研究所之工作，與軍令部無關，毋庸發生隸屬關係。

2. 因與軍費預算有關，請軍政部參加意見。

決議：

軍令、軍政兩部會同簽請委座，改隸外交部。

（十）嚴格使用公文傳遞之緩急標識案（秦次長）

　　上次會報規定，公文傳遞，使用十字標識緩急，須嚴格區分，不得濫用三個十字一案，現仍漫無限制，使緩急不分，妨礙急性公文之傳遞，請各單位長官注意糾正。

軍務局趙副局長意見：

限制使用三個十字，其辦法可規定須由科長蓋章，否則傳達室即作普通傳送。

決議：

照趙副局長之意見辦理。

三、軍政部報告

（一）收編被奸匪誘惑之山東民眾武力案

林次長：山東何主席電國民政府，請收編該省被奸匪誘惑之地方民眾武力。

委座交本部部長會同有關機關研討，本席奉諭代向聯合業務會報提出意見數點：

1. 日本投降前，奸匪藉抗戰名義以資號召，民眾自易被其誘惑，現在既經勝利，當難再為其蠱，政府可視為游雜部隊，盡量收容，編為地方團隊；
2. 收編時人槍務求核實；
3. 收編後之待遇，照地方團隊待遇辦理。

本席意見，不應純然消極，俟其來歸時始允予收編；更應積極策動，鼓勵來歸；如地方經費不足，中央可酌予補助，收編後願回鄉者，負責資助，貧者並助其就業謀生。

軍令部秦次長意見：

本席籍隸山東，深知被奸匪誘惑之民眾，對國家時局，均有認識，政府稍加策動，即可紛紛來歸。

屬軍政部主管辦理事項清理一覽表

事項摘要	篇頁	經辦單位
決議： 使用中航機輸送坦克幹部至北平一事，一由由軍政部辦會令飭交通部辦理，一面由後勤總部去函商派，公私併進，以期迅速	三篇一頁	軍務署 後勤總部
次長林： 調整特種兵序列，一、須注意運輸問題，二、軍令、軍政兩部會同擬定之辦法既與陸軍總部不同，須請示總長意見後再辦令	六篇一頁	軍務署
決議： 軍令、軍政兩部會同簽請委座將國際問題研究所改隸外交部	七篇一頁	
收編山東被奸匪誘惑之民眾武力案： 部長陳指示收編三項原則，次長林指示收編兩種精神	七篇二頁	
決議： 由軍政部電劉長官經扶徵求李興中之意見，如願就軍區司令時，軍政部即須備缺	五篇一頁	人事處

屬軍令部主管辦理事項清理一覽表

事項摘要	篇頁
決議： 北平補給司令電稱行營組織不健全，呂文貞辦事越職，請改善一事，覆其再具申改善意見，方作處理	二篇二頁
決議： 調整特種兵序列辦法，請示總長意見後，始發命令	六篇一頁
部長徐： 擴編韓國光復軍為五個師，應作罷；另在日俘中將韓人提出分開管理，以示優異；並幫助訓練幹部，均如第二廳之擬議，簽請委座核示	六篇二頁
決議： 軍令部會同軍政部簽請委作將國際問題研究所改隸外交部	七篇一頁
決議： 公文傳遞，限制使用三個十字，規定須經科長蓋章負責，傳達室始作急性公文傳送	七篇二頁

軍事委員會聯合業務會報
第十七次會報記錄

時　　間：三十四年十二月二十四日下午三時至四時
　　　　　五十分

地　　點：軍令部兵棋室

出席人員：辦公廳　　　賀國光　劉祖舜

　　　　　軍務局　　　趙桂森

　　　　　行政院　　　范　實

　　　　　軍令部　　　劉　斐　張秉均　許朗軒

　　　　　軍政部　　　林　蔚　方　天　陳　良

　　　　　軍訓部　　　劉士毅

　　　　　後勤總部　　端木傑

　　　　　撫委會　　　吳子健

　　　　　銓敘廳　　　錢卓倫

　　　　　憲兵司令部　張　鎮

臨時列席：第九軍　　　鍾　彬

主　　席：軍令部徐部長

記　　錄：張一為

會報經過
一、辦公廳報告

（一）宣傳奸匪行動注意案（劉組長）

　　總長何亥養情雄電：「奉委座手令：對鐵路交通恢
復，不得張揚宣傳，更不得用某路火車業已暢通無阻等
字句，使奸匪注目；對奸匪之行動，可以揭發其殘酷暴

行等非法行動為止,而不必再宣傳其佔領某縣某地,擴
大其地區,反為匪張目也,……」等因,擬分令有關機
關遵辦。

二、軍務局報告

（一）緩用陸軍新制服案（趙副局長）

　　委座對陸軍新制服,准展至明年夏季起開始使用。

決議:

1. 在開始使用日期之前,嚴格取締擅自早用,以免
   紛歧;

2. 趁此展緩期間,更應細為研究,用臻周密。

三、軍令部報告

（一）新序列調整後對主要人事變動之準備案（許
　　　處長）

　　調整新序列,委座手令,有若干主要人員調任軍區
司令;查軍區制度,尚未實施,致序列調整,無法進
行;於茲附帶報告三點:

1. 上次會報,決定由軍政部電劉長官經扶,徵求李興中
   是否願就軍區司令之意見,不卜已辦否?

2. 晉察綏邊區挺進軍總司令部,已令撤銷,因總司令張
   礪生之軍區司令,未予發表,致傅長官電請緩辦;

3. 委座手令:「新序列調整後,香漢屏如無位置,可調
   任軍區司令。」

軍令部劉次長意見（決議）:

張礪生似可先行發表軍區司令,免收回撤銷其總部之成

命；至該總部可俟其就任軍區司令時，始行撤銷，以資
啣接。

軍政部方署長說明：

李興中事，已電劉長官，尚未獲復。

軍政部林次長意見（決議）：

請軍令部即將此次呈報委座調整序列之名單送交本席，
用資參考準備；又批示奉到時，亦請迅為抄送。

（二）第九軍要求維持原令撥派汽車案（許處長）

撥派青年軍第九軍汽車問題，鍾軍長要求維持原
令，以利開拔，終以汽車油困難，經數度會報討論，迄
未解決，應請作最後確定。

第九軍軍長鍾彬報告：

1. 請體念情形特殊，維持原令撥派汽車：

    (1) 青年軍之裝備，在適應預備軍官之教育，故較一
        般部隊為多，難作長途徒步行軍。

    (2) 本軍士兵多屬川籍，且多為學生，吃苦精神有
        限，若負重而復長途步行，逃亡必大。

    (3) 委座原令以三分之二車運，三分之一步行，業向
        士兵宣布；如更改原令，有失威信。

2. 規定至明年五月底完成預備軍官教育，如此時開拔，
   即無法實施；設開拔後，在新駐地仍須完成預訂教
   育，又不能按期退伍，有失政府威信；本席對此，
   有意見兩點：

    (1) 如因必要須調本軍赴陝時，可否就二〇一、二〇
        二及二〇六之三個師，各可抽調普通兵（非學
        生）一個團，由副軍長率領前往；其餘學生仍留

原地，按照預訂計劃，繼續實施教育。

(2) 如必須全部調陝，仍請維持原令，派汽車輸送。

軍訓部劉次長意見：

1. 青年軍長途徒步行軍，發生問題必多；

2. 新駐地之營房及設備，不能適合預備軍官教育之要求；

3. 學生不動，各師之普通兵，抽出調往之辦法，青年
   軍其他各軍，均可做此辦法辦理；本案應簽呈委座
   核定。

軍令部劉次長意見（決議）：

留「學生」抽用「普通兵」之辦法，以由軍令、軍
政、軍訓三部簽呈委座核示，為較適宜，請軍訓部主稿
辦理。

（三）空運突擊部隊至北平案（許處長）

　　南京之兩個隊已空運至北平，衡陽之兩個隊，已用
火車運至武漢，尚未空運至平。現擬變通辦法，先由武
漢運至鄭州，共有一六八人，不知後勤總部能否辦理？

後勤總部端木副總司令答復：

可以運輸。

（四）坦克部隊編組及使用計畫案（許處長）

　　委座手令飭擬具坦克部隊編組及使用計畫，此事須
分由軍政、軍令兩部辦理。

1. 軍政部對坦克部隊之編組計畫，將美方所送坦克與
   收繳日軍坦克，共編為十二個營，在北平、徐州、
   武漢各集中四營，施行管訓，其上置一裝甲兵教導
   總隊，為督訓而非指揮機關。

   美方在印度所送之坦克，為一一六輛；收繳日軍者，

計坦克四二〇輛、裝甲車一二二輛、附屬車一九〇
輛，至我國原有之舊式坦克，未計算在內。

2. 軍令部對使用之計畫之意見：

(1) 美式坦克之三個營，使用於東北；因該方面之部
隊，為美械裝備，俾作戰時行動易於配合；且由
加爾各答運回，必須海運，一水運至東北，頗為
便利。

(2) 其餘九個營之日式坦克，北平區域四個營，津浦
與平漢兩線各二營，其餘一營控置於武漢行營。

(3) 委座意旨，在即行使用此項部隊。請有關長官晉
見時，便中說明坦克目前尚未接收，接受後尚須
訓練，一時尚難使用；雖曾在印度由美方訓練若
干人員，但日式坦克與美式坦克不同，仍須重新
訓練。

軍政部林次長意見（決議）：

北平收繳坦克較多，幹部應先運往。

主席意見（決議）：

委座即將使用坦克部隊，而由接收組訓以達於使用，尚
有相當時間，擬呈使用計畫時，應將可能開始使用時間
註明。

（五）新疆與河西之剿匪準備案（許處長）

查新匪作亂，始於去冬，蓋自恃其有習慣嚴寒之特
長，故現復藉談判為掩護，準備利用氣候，再度蠢動，
政府應針對此種情形，預作準備。

朱長官迭次文電及來渝面請最高統帥部為其解決之
事項，不外四端：一曰調整指揮機構，二曰撥派汽車，

三曰撥送補充兵，四曰補充器材及必要之技術人員，吾
人辦理情形如何？

關於調整指揮機構事：現尚未作最後指示，已簽呈
委座，正候核中。

關於撥派汽車事：應由戰運局及交通部撥派者，現
尚無消息。

關於撥送補充兵事：辦理困難，蓋明令停止徵兵一
年，兵員來源不易；而駐新部隊缺額又已達三萬九千名
之多，前曾決定以游雜部隊補充，因多係地方武力，調
走亦滋繁難，現兵役署既已成立，應請軍政部速辦。

關於補充器材及必要之技術人員事：負責單位，似
應分別速辦。

朱長官在渝時，軍政部長陳面允改派收繳日軍之坦
克前往，軍令部對當時正向河西前進之裝甲部隊，以接
收降敵坦克，極需時間，為備臨時急用起見，遂未下達
停止前進之命令，不悉軍政部曾下達此項命令否？

軍政部方署長意見：

補充兵問題，為求有效迅速計，可否以青年軍之二
〇四及二〇五兩師之普通兵抽調至新補充？

軍令部劉次長意見：

可否令顧墨三將收編之偽軍加以挑選，經隴海路運至寶
雞，轉赴新疆，較為迅速。

軍政部林次長意見（決議）：

本案交軍政部研究，於下次會報時提出討論。

四、軍政部報告

（一）接收東北使用幣制及部隊待遇調整案（陳署長）

軍政部奉委座及院長宋命令，飭會同財政部派員赴東北解決幣制與部隊待遇問題，本席奉派與財部楊署長前往，經與地方接收當局商討，已獲結果，並在南京呈奉委座批准，自本月份起實施。

1. 幣制：由長春中央銀行代發流通券，面值與前偽滿幣值等。

2. 部隊待遇：根據當地物價及幣值，適當調整；軍官薪俸，自准尉二千元至上將一萬元，約為關內法幣給與數五分之一；士兵餉額，自二等兵三百元至上士一千元，約為關內法幣給與數三分之一。

五、軍訓部報告

（一）青年軍實施預備軍官教育應增發經費案（劉次長）

1. 凡以前為兵之待遇者，自本年十二月份起，至明年五月底止，初期為下士，畢業時為中士，畢業後為少尉，在預備軍官教育期間，應按下士、中士之給與，逐次增加（僅限於學生，至普通兵仍舊），軍需署現仍照以前標準發給，應請補發。

2. 實施預備軍官教育，教育費與設備費，應請增發。

3. 由部隊組織變為學校組織，前次小組會議，議決每師增加教育幹部百名，以應需要，純係調用，一樣接受國家待遇，請增發是項經費（實際不過轉移發給）。

軍政部陳署長說明：

從十二月份起，開始下士待遇，應行增發之經費，明日即將數字計出，立行補發。

軍政部方署長意見（決議）：

青年軍現在既應改為學校組織，則純為部隊性編組之輜重營、特務連等及其他類似之單位，士兵又非學生，即可裁撤，以省經費。

軍政部林次長意見（決議）：

為適應教育，顧及實際情形起見，青年軍應即改組為教育性質之機構。

屬軍政部主管辦理事項清理一覽表

事項摘要	篇頁	經辦單位
決議： 陸軍新制服在明年夏季開始使用前，嚴格取締擅自提早著用；並再加研究改進，以期周密	二篇一頁	軍務署 軍需署
一、軍令部提： 委座手令，調整新序列，有若干人員調任軍區司令，請作準備 二、劉次長意見 張礪生可先發表軍區司令	二篇一頁 二篇二頁	軍務署 人事處
次長林： 北平收繳坦克較多，可先將幹部運往	五篇一頁	軍務署
一、軍令部提： 駐新部隊所需器材及技術人員，應速予補充 二、次長林： 駐新部隊兵員補充辦法，交軍政部研究，下次會報，提出討論	六篇一頁 六篇二頁	軍務署 兵役署
一、軍訓部提 青年軍由部隊變為學校，請增發經費 二、決議（次長林及方署長意見）： 青年軍應改為學校組織，凡純然部隊性之單位，即予裁撤	七篇一頁 七篇二頁	軍需署 軍務署

軍事委員會聯合業務會報
第十八次會報記錄

時　　間：三十四年十二月三十一日下午三時至五時
　　　　　二十分
地　　點：軍令部兵棋室
出席人員：辦公廳　　賀國光　劉祖舜
　　　　　軍令部　　劉　斐　秦德純　張秉均
　　　　　　　　　　晏勛甫　鄭介民（龔　愚代）
　　　　　軍政部　　林　蔚　方　天　陳　良
　　　　　　　　　　徐思平
　　　　　政治部　　袁守謙
　　　　　後勤總部　端木傑
　　　　　撫委會　　吳子健
　　　　　銓敘廳　　錢卓倫
主　　席：軍令部徐部長
紀　　錄：張一為

會報經過
一、辦公廳報告
（一）還都後之傢俱問題（劉組長祖舜）

　　南京傢俱奇缺，木料亦極為稀少，本會各單位還都
後之辦公所需，頗成問題，究仍照前次規定由軍政部統
辦？抑改由各單位自辦？請公決。

軍政部陳署長意見：

1. 南京傢俱缺乏，無從購買；而木料亦難覓得，各單位

之所需，如全部新製，時間與經濟，均不合算，比較仍由各單位將在渝原有中之重要者，用木船運往為合理。

2. 用木船裝運重要傢俱後仍須在京添補者，可照辦公廳之意見，將款發給各單位，在渝自行購買木料，並製成毛坯，運往南京，再雇木工加以精製。

主席意見：

搬運在渝原有傢俱及在京之添補辦法，均由各單位自辦，並分配一定款項，由其斟酌運用，較為經濟迅速。

決議：

由軍政部召集有關單位會議，決定辦法施行。

（二）政工研究班學員召集辦法決定案（劉組長祖舜）

　　奉交下政治部呈請歸併六個研究班，成立一個政工研究班一案，經召集有關機關商討，政治部望採用甲案，軍政部望採用乙案，未予決定，茲再提請公決：

甲案：各班學員生，以先盡量向各地軍官總隊考選為原則；

乙案：各班學員生，以先盡量向各地軍官總隊考選為原則，如不足時，專案呈請招考普通學生。

政治部袁副部長說明：

本案經委座批示：「在青年軍考選一萬名，軍官總隊考選四千名」，事實上業已照乙案辦理矣，似不用再事討論。

二、軍令部報告

（一）陳紹寬新職發表案（劉次長）

海軍總司令部已明令撤銷，委座決定予陳總司令以軍事委員會委員新職，請銓敘廳注意辦理此案。

銓敘廳錢廳長說明：

軍事委員會委員額定為九人，早已滿額，即鹿部長、何總監指調此項職務，亦尚未發表。

決議：

1. 委員名額，可請增為十一人。
2. 鹿鍾麟、何成濬、陳紹寬三人，即就此名額調整案，申述理由，呈請發表。
3. 其餘海軍人員，交軍政部海軍處接收處理。

（二）邊務所及盟參班還都案（龔愚）

本部所屬邊務研究所及盟軍聯絡參謀訓練班，因左述理由，須隨部同時還都，請軍政部先撥還都遷移費：

1. 該所班人員極少，各僅數十人，所佔交通工具不多。
2. 供應方面，如筆墨紙張，均係向部領用，無法與部分開。
3. 教官多係部內職員兼任，隔離則教育停頓。
4. 事務方面，係由部直接監督。

決議：

通知復員運輸委員會辦理。

（三）馬鬃山蒙民處理案（龔愚）

朱長官以馬鬃山蒙民分遷安西、三道溝、西湖等地，電請核示處置辦法四項：

1. 生活困難，交由甘省府及河西總部，分別妥為賑濟。

2. 利民蒙民原有馱馬，編組騎警大隊，由政府派員抽調
適齡蒙民壯丁，予以訓練後，分派重要據點，扼守
巡邊。

3. 騎警大隊，編制原則，以國軍三分之一、蒙民三分
之二混合編成，由陶總司令按實際情形，擬定編制
呈核。

4. 所需服裝、武器、器材、薪餉等項，照國軍待遇
發給。

　　本案經本部審核結果，對移來蒙民生活，政府似應
負責救濟，以示寬惠邊民之德意；編組騎警大隊，似可
准予照辦，而由陶總司令負責訓練；其餘擬均照准，以
利邊防；究否可行？提請公決。

決議：

1. 移來蒙民，應予救濟。

2. 編組騎警大隊，原則上同意，先電詢究有人數若
干，再作其他決定。

3. 編組完成後，即配屬駐在當地之部隊，指揮使用。

（四）明年度測量經費預算請照原要求編造案（晏
　　　廳長）

　　明年度測量經費，本部申請為十四億元，實係最低
要求，軍政部核減為十億元，致業務推動，發生困難，
蓋委座命令恢復航測，購置飛機及各項器材，與乎接收
日軍在南京之製圖設備……均非此項數字所能舉辦。

軍政部方署長意見：

美國擬在我國舉行航測，內蒙及東北亦包括在內，且表
示測竣後，將送我國一份，本席提供此項消息，旨在資

為考慮，我國是否因此而可省卻自行舉辦航測之參考。

晏廳長說明：

彼此目的不同，故比例尺不合我國要求，蓋我方需要者，為五萬分之一以下。

軍政部陳署長說明：

1. 十億元之數字，尚係以前所預訂者，行政院現更行減低，規定明年各單位之年度預算，概依本年十二月份之數字為標準，加以伸算；頃參政會仍認為過多，尚在要求縮減。

2. 依行政院之規定，明年度測量經費，每月預算為三千二百萬元，全年僅有三億又八千四百萬元，已成定案。

主席意見（決議）：

1. 先向美方商洽，如其航測所用之比例尺不適合我國要求時，仍應自行辦理，惟須注意比例尺大小之配合，彼所有者，我即省略。

2. 請軍政部將預算數字明確指定，軍令部即應基於此項數字，量錢辦事，計畫工作。

3. 預算核減過多，航空測量經費，應專案呈請委座核示，如仍須辦理時，即請行政院另行撥款；如批交軍政部辦理時，亦奠定其呈請另發專款之根據。

三、軍政部報告

（一）被俘官兵發給勝利獎金案（方署長）

何兼總司令以據南京集中營我被俘官兵請照章發給勝利獎金，是否有發給此項獎金之規定，應請恢復一

案；查本會早經規定我被俘官兵處理辦法，分別予以
適當優待，至此項獎金，擬予免議，是否可行？提請
公決。

辦公廳賀主任意見（決議）：

軍人寧死不受俘之崇高品格，方可以言獎勵；查被俘官
兵釋放後，寄以同情，施以其他優待則可，至發給勝利
獎金一事，以其純為獎賞性質，似應作罷。

軍政部林次長意見（決議）：

被俘官兵雖應免發獎賞性質之勝利獎金，但對因傷病被
俘及現在之傷病者，應予另行救濟。

（二）重慶防空機構調整後之隸屬案（方署長）

重慶之防空司令部縮小為防空科，並其情報所均規
定改隸於首都衛戍司令部，惟在還都前則暫直屬於軍政
部，雖為一時權宜辦法，然以其單位過小，直接指揮，
諸感不便，似應將其隸屬關係，加以調整。

查防空總監部，改為防空處，隸屬航委會，該科所
似均可暫時隸屬於防空處，還都以後，防空處因在首
都，就地移交首都衛戍司令部，亦稱便利。

辦公廳賀主任意見：

委座對重慶今後防空，仍極重視，防空機構，似不應遷
走，將該科所隸屬於重慶衛戍總司令部，或軍區以及市
政府均可。

決議：

現在暫時隸屬於重慶衛戍總司令部，將來軍區成立時，
依規定應即併入於軍區。

（三）新疆兵員補充辦法案（方署長）

上次會報決議：「由軍政部研究駐新部隊兵員補充辦法，於本次會報提出討論」，查駐新部隊缺額計三萬九千餘名，茲提供辦法數點，用資研討：

1. 五、六兩個戰區各有由偽軍改編之補充團六個，各有一萬二千人，可以調撥。

2. 豫南游雜部隊，可得一萬人左右之兵員，調新補充。

3. 將青年軍在西南、西北各師之普通兵抽調補充，約可得一萬人。

4. 上述三項辦法，可將現在缺額補足；至將來之繼續補充，即在甘肅成立招募處，從事準備。

軍政部徐署長說明：

兵役部依緊縮原則，本年逐漸緊縮，全國現僅有補充官兵約五萬餘人，故無現成補充兵員可用；至成立招募處招募兵員作應即補充，頗難指望；若整編游雜部隊補充，尚比較可靠而且迅速；依本席意見，在收復區徵募兵員，極不易迅速推動，且為奸黨勢力所及，影響亦大，西南各省，年來出兵數目相當不少，此刻似應與民休息；惟雲南僅在今年徵兵一萬，人力尚屬充餘，設空運不成問題，發動緊急徵兵，期得補充新疆部隊所缺之數目，事甚易行，人民負擔亦比較平均。

（四）新制式服裝改進案（陳署長）

上次會報提議兩點：「第一、陸軍新制式大衣式樣，應即規定；第二、陸軍新制服將官領章與肩章均用星，同樣標識階級，似嫌重複，應酌為改正」。查大衣式樣，茲印發圖樣（從略），提請研究；至將官服之領

肩章因業經核定，擬不變更；惟兩項究應如何？請公決施行。

決議：

1. 將官服之領肩章，均以同樣方法標識階級，似嫌重複，應予更正；肩上可用星標識級，領上可用其他方式標識階，較為適宜。

2. 大衣須與短服同，將兵種、階與級均明顯標識。

3. 對下荷包部位之提高與乎上下荷包內緣之對齊，五扣距離之縮短而將其總部位提高，上裝前部重疊部分之加寬，荷包內部加皺可增大容量而又不失美觀，大衣兩路鈕扣成倒八字形等意見，統交軍需署參考改進，嚴密規定，印發圖樣於各服裝公司，俾資準據。

四、後勤總部報告

（一）駐新部隊車輛械彈器材補充案（端木副總司令）

上次會報，軍令部詢問駐新部隊車輛、彈藥、器材補充情形，分別報告於左：

1. 輜汽第二十團入新，已由昆出發者四一九輛，已到瀘縣者三二三輛，已由瀘北駛者五一輛；至輜汽第四團赴昆裝備之一營，已令飭白司令迅為裝備開新。

2. 存渝待運之槍砲僅四〇〇公斤、彈藥五〇〇公斤、工兵器材五〇公斤，為數甚少，完全起運，不成問題；現存廣元待運之械彈約八五噸，但該處有西北車四九輛，業有二四〇噸之運輸量。

3. 撥運通信器材約五十噸，均自各地分別運輸中。

屬軍政部主管辦理事項清理一覽表

事項摘要	篇頁	經辦單位
決議： 各單位還都後所用之傢俱究應如何辦理，由軍政部召集有關單位會議，決定辦法施行	二篇一頁	軍需署
軍令部提： 邊務研究所及盟軍聯絡參謀訓練班，須隨部還都，請軍政部先發該班所之遷移費	三篇一頁	
軍令部提： 請軍政部將三十五年度測量經費確定，以便計畫工作	五篇一頁	
決議： 陸軍新服制將官服之領肩章及大衣式樣之規定，議決改進辦法三條，交軍需署參考辦理	七篇二頁	
決議： 被俘官兵，不發勝利獎金。	五篇二頁	軍需署 軍務署
決議： 重慶防空司令部縮小為防空科後，並其情報所現改隸於重慶衛戍總司令部，軍區成立時，即併入於軍區組織內	六篇二頁	軍務署

屬軍令部主管辦理事項清理一覽表

事項摘要	篇頁
決議： 邊務研究所及盟軍聯絡參謀訓練班應隨部還都，通知復員運輸委員會辦理	三篇二頁
決議： 馬鬃山蒙民內移，議決處理辦法三項	四篇一頁
決議： 明年度（三十五年）測量經費，航測另行專案請款，又航測須配合美國在我國之航測工作，俾省財力	五篇一頁

軍事委員會聯合業務會報
第十九次會報記錄

時　　間：三十五年一月七日下午三時至五時五十分

地　　點：軍令部兵棋室

出席人員：辦公廳　　　賀國光　劉祖舜

　　　　　軍務局　　　趙桂森

　　　　　行政院　　　范　實

　　　　　軍令部　　　劉　斐　秦德純　張秉均

　　　　　　　　　　　鄭介民（龔　愚代）

　　　　　軍政部　　　林　蔚　吳　石　陳　良

　　　　　　　　　　　郭汝瑰

　　　　　軍訓部　　　劉士毅

　　　　　政治部　　　袁守謙

　　　　　後勤總部　　端木傑　郗恩綏

　　　　　航委會　　　周至柔

　　　　　撫委會　　　吳子健

　　　　　銓敘廳　　　錢卓倫

　　　　　憲兵司令部　張　鎮

主　　席：軍令部徐部長

紀　　錄：張一為

一、軍令部報告

（一）河西工事構築及安西營房修建案（張廳長）

　　查河西工事構築及安西營房修建問題，經與河西工
程處張副處長其意商訂辦法如次：

1. 河西工事構築，擬訂甲乙兩案：

甲案：原定構築十三個營之永久工事，但因軍政部所發
　　　鋼筋甚少，僅能築六個營之輕重機槍、迫擊砲
　　　及營指揮所四種掩體。

乙案：如僅築重機槍及營指揮所兩種掩體，則可完成
　　　十三個營所需之數量，所差之掩體，則準備材
　　　料，臨時構築半永久工事，爾後依情況發展，
　　　逐次完成永久工事。

2. 西安營房修建，擬訂三項原則：

(1) 在位置上可兼顧戰術之要求，依據點形式建築；

(2) 主要部份之強度，採用水泥；

(3) 為抵抗飛機、坦克，重要部份使用鋼筋。（採用
　　乙案時始可餘出少數鋼筋用於此途。）

3. 在距原子山三百里處所砍伐之木材九萬餘株，必須運
　回，以為構築工事及建築營房之用。

軍政部林次長意見（決議）：

1. 永久工事構築之多寡，似應決定於該處現有鋼筋之
　數量；

2. 以水泥鋼筋修建營房，因材料成問題，似應先修建普
　通營房，較切實際。

決議：

因限於材料，先採用甲案，將來可能時，再行擴築。

（二）澈查第八軍非法報銷軍品案（張廳長）

　　　第十四次會報（去年十二月三日）以第八軍到達山
東之初，即藉口海珠輪沉沒事件，竟謂無刺刀並缺乏彈
藥，妨害作戰為詞，議決應予澈查以肅軍紀一案，茲接

張主任呈復，謂海珠輪在虎門附近沉沒，人員傷一一〇、亡四八五，公款損失二八、〇〇〇、〇〇〇元，其他武器、彈藥、器材等損失，均造具清冊呈核，查損失械彈既屬實情，似應免予處分，如何？提請公決。

主席意見（決議）：

所報如屬實情，自應免予處分，本案應即移軍政部辦理。

二、軍政部報告

（一）軍令部仍請增設 G5 處案（郭副署長）

查戰地政務處（G5 處），其業務與政治部之工作頗多類似，曾經第十五次會報議決，由政治部兼辦戰地政務，第二廳內增設第五處（G5 處）一案，應從緩議；現軍令部以戰地政務，包括政治、經濟、教育、法律、交通、衛生及物資補給、人民救濟等，而以軍事為其總匯，與政治部業務絕不相同，實有儘先於軍令部增設第五處之必要，是否可行？提請公決。

軍令部龔副廳長意見：

第二廳須增設第五處一事，純係基於參謀業務上之要求，蓋戰時、戰後與收復區、佔領區發生若干政務問題，向無專管機構主辦，似應增設。

政治部袁副部長意見：

委座令加強國軍政治工作，經擬具〈地方各級黨政指揮機構組織大綱〉，呈奉委座批示，認為大體可行，本部即將修正呈核，其工作範圍，計有十一項之多（因尚未定案，茲從略），幾與戰地政務處之工作範圍無何種區

別，如第五處仍須成立時，則與政治部之業務劃分，應
嚴格規定，以免重複混亂。

主席意見（決議）：

劉次長、鄭廳長在軍令部部務會報時，曾申述必須增設
第五處之里由，頗見充分，今日均未出席，本案留待下
次會報聽取其意見後再行決定。

（二）各軍事學校復員後預定校址案（郭副署長）

　　用書面列出各軍事學校校址，軍訓部擬定地點（僅
限於軍訓、軍令兩部所屬學校），軍政部擬定地點，決
定地點四項（從略），提請公決。

軍訓部劉次長意見：

1. 戰前所有軍事學校，均在長江以南，戰爭中所獲之
　經驗，即感南方人多不習於北方之生活，影響作戰
　至鉅，基於作戰未來國防觀點，所有軍事學校，均
　宜就北平、保定、長辛店等處選定為佳；惟為顧慮
　一至戰時即須遷徙，所費頗為不貲之關係，經陳、
　白兩部長同意採取折衷方案，概選在長江以北、黃
　河以南之地區。

2. 新校址至少須耗時一年，始能使用，蓋偵查及營房
　整理修建，內部設備，均須時間，應請將地點從早
　核定。

3. 本案似應一面簽呈委座，一面交軍政部辦理，以期
　爭取時間。

軍令部龔副廳長意見：

除機械化及騎兵兩學校可以獨立選定校址外，步、砲、
工、輜各學校，似應大體集中於一個地區，俾便施行聯

合演習，又為便於訓練陸空協同動作起見，空校似亦應在此地區內為佳。

軍訓部劉次長意見：

學校集中於一地區，演習場極成問題，空校所在之區域，機聲軋軋，妨礙授課，又陸軍預備學校須在陸軍軍官學校附近，不能分離。

憲兵張司令意見：

憲兵學校，應隨憲兵司令部駐於南京，教官始無問題，南京原有校址，地皮尚多，可以添建，司令部就近主持官兵補充教育，亦較便利。

辦公廳劉組長意見：

騎兵學校，為注意產馬區域及顧慮青海國防關係，似以設在西寧為佳。

航委會周主任意見（決議）：

一部份軍事學校，應著重未來國防觀點，設置於張家口、承德、哈爾濱等處，使軍官熟悉國防地帶之軍事地理，並習於該地帶之氣候、飲食、起居等事，至防戰時恐須遷移損失校址一層，實不值考慮，試問若寶貴領土尚不患喪失，何惜一校址耶！

軍政部林次長意見（決議）：

1. 各軍事學校沿隴海線及近於該線之津浦、平漢兩路選定校址，交通與連繫均極便利；

2. 獸醫學校應離開南京，選定於產馬區域或騎炮兵學校附近，兵工學校，應改選於重要兵工廠或兵工廠較為集中之區域；憲兵學校可在南京。

3. 本案決定後，應即簽呈委座核定。

主席意見（決議）：

1. 為適應國防需要，各軍事學校，不妨再向北方推進，至顧慮戰時遷移損失校址一層，可不必計及，蓋校址萬不及領土寶貴也。

2. 軍校及各專門學校校址，應略為集中，以便委座巡視一次，有費時少而所及學校多之利。

3. 本案由軍政部軍務署參加本日開會之各方意見，加以整理，簽呈委座核定。

（三）陸軍新服制改進案（陳署長）

上次會報議決兩點：一、新制服大衣披風式樣，應再改進；二、新制服將官領章與肩章用同樣形式標識階級似嫌重複，應酌修改，領章與其他方式表示階，肩章則仍舊以表示級，茲將以上兩項繪製圖說，是否可行？提請公決。（附圖說三份略）

決議：

將官領章用梅花標識階可行，惟須改用黃色金屬鑄製，不用金線；餘均照擬具辦法施行。

（四）還都後之家俱準備案（陳署長）

軍事各單位還都後所需之家俱問題，上次會報議決另行召集會議解決，茲將遵辦議決情形報告如次：

1. 由各單位就在渝原有之家俱中擇好者足夠需要數三分之一運送南京；關於運輸工具，可向後勤總部商洽，但運輸實施，由各單位自行辦理。

2. 由各單位在京選購需要數三分之一，預算若干，可送由軍政部發款。

3. 其餘三分之一，為求式樣統一，由軍需署營造司根據

各單位需要之品種數量，統一製造發給。

決議：

照原議決辦法施行。

三、後勤總部報告

（一）還都後之營房問題（端木副總司令）

劃撥營房，迭有變更……後勤總部最後究為小營抑為三十四標，尚未決定，後勤總部本月一日已在京開始辦公，請速為確定，在新地址未撥定前，現在炮標辦公，當無法遷出。

航委會周主任意見：

航委會有千餘職員，三十四標不能容納，仍要求將小營撥還。

決議：

關於軍事各單位還都之營房劃撥問題，除已解決者不計外，其尚未解決者，由辦公廳主要負責人並此項單位之主要人員，由航委會派專機飛送南京，就實地情形，迅速解決。

四、航委會報告

（一）美國軍事顧問團在南京所需房舍準備案（周主任）

查美軍駐華總部，定於三月一日撤銷，顧問團即行成立，我還都後，顧問團當亦來京，關於渠等之辦公與眷屬所需之房舍，應預為備妥，此與軍政部之業務有關，特提出報告，盼為留意：

1. 空軍部份之顧問人員，根據美方通知，計官長一五
   ○人、軍士三○○人，官長中單身者四分之一，有
   眷屬三人及一人者亦各居四分之一。
2. 軍政、軍令兩部均有顧問，房舍準備，應求一律，
   以免歧異。
3. 空、陸兩方各別準備房舍乎？抑由軍政部統一辦理
   乎？須適當決定；本席意見：最好統一辦理，方能
   期其一律。

軍令部龔副廳長意見：

美國之急造木質小房舍，一千美金一所，二十日即可運
華，可否即在美租借法案內，撥款購買此項房舍備用？

軍政部陳署長之意見（決議）：

1. 房舍準備，如欲新建，時間與財力，兩不許可。
2. 美方現已在京將中央及首都兩飯店住用，由黃仁霖
   在京主持分配。
3. 應在中美會報時，詢問其總人數就有若干？如南京
   房舍不足時，上海接收敵偽房產不少，抑可移部分
   人員前往就住。

憲兵張司令說明：

此事已由黃仁霖在京統辦竣事。

軍政部林次長、主席意見（決議）：

1. 通知黃仁霖，並請其研究辦法見告。
2. 中美會報時，請美方將官人員及眷屬人數詳確告
   知，即根據此數字迅速妥為準備。
3. 購買美國之急造木質小房舍，可探詢其性質與用途
   後再定。

屬軍政部主管辦理事項清理一覽表

事項摘要	篇頁	經辦單位
決議： 澈查第八軍非法報銷軍品案，由軍令部移軍政部辦理	三篇一頁	軍務署
決議： 軍令部仍請增設第五處案，留待下次會報討論決定	四篇一頁	
決議： 復員後軍事學校校址預定案，軍政部參加本日會報各方之意見，簽呈委座核定	六篇一頁	
決議： 將官領章，改用黃色金屬鑄製	六篇二頁	軍需署
決議： 準備美國軍事顧問團在南京所需之房舍辦法三點	八篇二頁	

軍事委員會聯合業務會報
第二十次會報記錄

時　　間：三十五年一月十四日下午三時至四時五十分
地　　點：軍令部兵棋室
出席人員：辦公廳　　　賀國光　劉祖舜
　　　　　軍務局　　　趙桂森
　　　　　行政院　　　范　實
　　　　　軍令部　　　劉　斐　秦德純　張秉均
　　　　　　　　　　　鄭介民（龔　愚代）
　　　　　軍政部　　　吳　石　方　天
　　　　　　　　　　　徐思平（鄭冰如代）
　　　　　軍訓部　　　王　俊
　　　　　政治部　　　袁守謙
　　　　　後勤總部　　郗恩綏
　　　　　撫委會　　　吳子健
　　　　　航委會　　　周至柔
　　　　　銓敘廳　　　錢卓倫
　　　　　憲兵司令部　張　鎮
主　　席：軍令部徐部長
紀　　錄：張一為

會報經過
一、辦公廳報告
（一）外事局撤銷案（劉組長祖舜）

　　外事局曾決定將其撤銷，但該局又謂曾報請委座撤

銷，奉批不准，究應如何？提請公決。

如仍決定將該局撤銷，則其業務之尚應繼續辦理者，關於向美方之接洽事宜，由軍令部負責，關於招待美方之事宜，由各戰區（方面軍）之外事處及各地之戰地服務隊負責。

戰地服務團，其戰地二字含有戰時意義，現抗戰已告勝利，戰地服務之觀念，似不合實際，故該項機構如仍須保留，則名稱應予改變，是否可行？併請公決。

軍務局趙副局長說明：

委座對京滬美方之招待事宜，飭由勵志社負責，黃仁霖業已在京主辦矣。

決議：

1. 外事局撤銷問題，俟查明委座係在何時有不准撤銷之說後再定；
2. 戰地服務團撤銷，其業務併入勵志社辦理，所有人員，交勵志社黃仁霖斟酌留用，餘者遣散；
3. 招待美方事宜，京滬由勵志總社負責，各處由其分社負責。

（二）禁止軍隊徵調救濟總署之汽車案（劉組長祖舜）

在粵、桂等省之軍隊，有估行徵用聯合國善後救濟總署之車輛情事；英國駐廣州之救濟總署處長，以該項車輛純為運送救濟物資之用，經向張主任交涉，請予通令所屬禁止再有徵用情事，當獲允諾，惟救濟總署之車輛，因實行救濟工作，將在我全國各省行駛，為顧全國際聲譽計，似應通令全國部隊，禁止徵用是項車輛，如何？提請公決。

決議：

應行通令禁止，本案交由軍政部辦理。

二、軍令部報告

（一）政治協商會議代表所提提案之研究案

　　劉次長報告：「政治協商會議各黨派之提案交由軍政、軍令兩部研究者計有兩案，兩部似應先行派人研究，再開小組會議共同討論，統一決定，因適應政治協商會議之時間關係，須從速趕辦。」

（二）空運政府調赴軍事調處執行部人員至北平案
　　　（龔愚）

　　政府派至北平軍事調處執行部工作人員，加入憲兵八八人，如馬歇爾特使能在其原訂計畫之外，應我方之請，繼續增派飛機，則全部人員空運北平，所差無幾；否則，尚餘一四〇人，我方應自行空運，為爭取時間計，經商洽航委會預作準備，周主任則謂無機可派；本案重在爭取時間，究應如何？應予決定。

主席意見（決議）：

1. 美方如不能增派飛機，我方仍應自行交涉以中航機空運；

2. 待馬歇爾特使回復我方之請求如何後再定。

三、軍政部報告

（一）軍令部請增設第五處案（方署長）

　　上次會報，對軍令部應否增設第五處一案，經議決留待本次會報討論決定，究應如何？仍請公決。

軍令部龔副廳長報告須增設第五處之理由：

1. 第五處之執掌（已詳第十八次會報）。

2. 我國向未儲備此項人才，前派人赴美研究戰地政務，且於盟軍聯絡參謀訓練班召集學員數十人，經美籍教官訓練，勉具雛形，如不成立第五處，則此項專材勢將閒散。

3. 平時若不注意，將來戰事發生，臨渴掘井，難以補救，故為培養人才，吸收經驗及獲取資料計，本部應儘先將第五處成立。

4. 三十三年柳州、獨山戰事，因軍隊不善處理難民問題，致作戰蒙受重大影響；此次國軍佔領越南，因事前毫未注意幣制問題，致國家在經濟上遭受重大損失；凡此惡果，皆由我軍隊無戰地政務人才之所致，前事不忘後事之師，第五處不能不即行成立。

5. 美國陸大教育，戰地業務為必修之課程；我國今後在參謀業務中，應加入戰地政務；設將此業務交另一機關而由政治部辦理，則難與軍隊配合。

軍令部劉次長意見：

1. 我國陸大應增授戰地政務一科，教官人才儲備，實屬必要。

2. 基於抗戰中之經驗，因疏忽戰地政務之工作，遭受損失不小，成立第五處，實費少而收穫多。

主席意見（決議）：

1. 第五處即予成立。

2. 因係創辦性質，組織不必拘泥於一般型式，而一定設科，針對業務範圍及發展步驟，需要若干人即設

置若干人為原則，

3. 此關係預算，應細為計畫，擬具職掌、編制呈請
核定。

屬軍政部主管辦理事項

決議：交由軍政部通令全國部隊禁止徵用救濟總署之車輛	三篇一頁	由軍務署辦
劉次長報告：政治協商會議代表之提案，交由軍令、軍政兩部審查研究者，二案應先各別研究後再開小組會議討論	三篇一頁	

軍事委員會聯合業務會報
第二十一次會報紀錄

時　　間：三十五年一月二十一日下午三時至五時
　　　　　二十分
地　　點：軍令部兵棋室
出席人員：辦公廳　　　賀國光　劉祖舜
　　　　　軍務局　　　傅亞夫
　　　　　行政院　　　范　實
　　　　　軍令部　　　劉　斐　秦德純　張秉均
　　　　　　　　　　　鄭介民（龔　愚代）
　　　　　軍政部　　　林　蔚　吳　石　陳　良
　　　　　　　　　　　郭汝瑰
　　　　　政治部　　　袁守謙
　　　　　後勤總部　　端木傑
　　　　　撫委會　　　吳子健
　　　　　銓敘廳　　　錢卓倫
　　　　　憲兵司令部　張　鎮
主　　席：軍令部徐部長
記　　錄：張一為

會報經過
一、軍令部報告
（一）馬鴻逵請撥發械彈汽車案（張廳長）

　　委座電飭軍政、軍令兩部，謂「馬鴻逵前請撥配汽車案，業經照准並分飭迅予辦理在案；現復以綏省鄂克

托旗匪情緊急，蒙發軍械迄未奉到，懇早發給前來，希併前案速辦，並限五日內具報。」查前案業請軍政部辦理，尚未獲復，至軍械補充，仍屬該部業務，應送請速辦，並希一併惠復，以便依限具報。

後勤總部端木副總司令說明：

汽車已撥一連前去。

軍政部林次長說明：

軍械已發，因運輸關係，恐尚未到達。

（二）抽調青年軍之徵集兵案（許朗軒）

軍政、軍令、軍訓三部會簽委座免調青年軍赴陝西一案，業經奉准，惟抽調第九軍徵集兵之辦法，係依鍾軍長之建議而決定者，刻潘華國師長向委座報告，謂青年軍之徵集兵均係雜兵，當此施行預備幹部教育期間，雜兵勢難調走，奉諭向主管單位商辦；本案究應如何決定？提請公決。

決議：

本案併入青年軍編訓指導委員會辦理。

（三）繼續海運部隊至東北之運輸計畫案（許朗軒）

續運五個軍至東北之運輸計畫，美方業已大體同意，關於準備事項及運輸次序，均分別詳確釐訂（內容從略）。

（四）第四集團軍成立副總司令部案（許朗軒）

第四集團軍已編入第十一戰區之序列，其副總司令池峯城，委座之意，擬以軍區司令或集團軍總司令聽其自行決定後即予發表，孫長官連仲前請設置副總司令部，軍令部未便簽請准予成立。

（五）調整海軍機構案（許朗軒）

　　在海軍總司令部未撤銷前，軍政、軍令兩部會同擬訂海軍業務劃分，呈奉委座核准，計分軍政、軍令、部隊三項，部隊本應隸屬於軍政、軍令兩者之下，不能三者併列，只以當時顧慮人事關係，部隊即海軍總司令部必須如此，始能顧及實際；現海軍總司令部業已撤銷，關於海軍軍政事宜，由軍政部之海軍處辦理，至軍令事宜，仍由軍令部一廳二處之海軍科承辦，該科連科長僅有三人，尚須兼辦防空及空軍業務，實難勝任，海軍軍令工作，可否充實人員成立海軍軍令處，請予公決。

軍令部劉次長意見：

1. 海軍軍政、軍令業務辦理，可分兩案：第一案即政令分管，軍政由軍政部之海軍處承辦，軍令由軍令部設海軍軍令處負責；第二案即政令合管，目前海軍事務尚未展開，工作簡單，軍政、軍令統由軍政部海軍處負責亦無不可。

2. 軍令部承辦海軍軍令人員，實屬過少，感覺異常困難。

軍政部林次長意見（決議）：

1. 原有之海軍業務劃分，在海軍總司令部撤銷以後，已不合用，應重新劃分。

2. 目前軍政部對原有海軍之管理，及降敵軍艦之收繳，與盟國贈艦之接收，除軍政部門始行直接辦理外，其餘即由軍委會處理，故軍令部之海軍幕僚，可以加強，惟須擬訂辦法，呈委座核定。

主席意見（決議）：

軍令部應先將健全海軍軍令機構之辦法，擬具草案，再

行提出討論。

（六）旅順中蘇委員會委員派遣案（劉次長）

　　中蘇共管旅順之委員會，主席由蘇方派遣，副主席由我方派遣，委員各半，委座令總長何速為確定人選，此案在原則上雖屬軍令部主辦，但軍政部、政治部若有適當人選，亦可提出。

二、軍政部報告

（一）設立青年軍編訓指導委員會案（郭副署長）

　　委座交下政治部袁副部長對青年軍改進意見第一項，設立青年軍編訓指導委員會（或指揮部），由軍政、軍訓、政治及社會等部，三青團、中央團部共同組織成立，主持青年軍各種根本問題一案；查青年軍自編練總監部撤銷後，人事、經理由軍政部，教育由軍訓部核辦，其餘如指導、退伍、考試、使用等，似有統一辦理必要，軍政部對此擬有兩案：

1. 因時間迫促，擬不另訂編制，由軍訓部主辦，每月召集有關單位開會一次或二次，其業務分交有關單位承辦。

2. 依袁副部長意見，成立固定機構，以利指導。

兩案以何者為當？請公決。

政治部袁副部長說明：

1. 委座認為青年軍係革命幹部，今後散布各方，關係至為重大。

2. 政府於發動學生從軍時，公布有若干優待事項，凡應於退伍時實現者，倘不予以辦理，威信損失甚大。

3. 不僅在消極方面使學生對政府無不良印象，且應積極從事，使學生均具良好觀感，此種工作，至為繁鉅，由一個機構統一承辦，始有實效。

軍令部劉次長意見：

1. 發動學生從軍時，所公布之優待辦法，如今日不能辦理者，應早為切實說明原因，不宜拖延推諉。

2. 在此政治不安、思想紛歧之今日，對此批青年之思想與情緒，均須特別注意，本人同意設一專管機構辦理其事。

銓敘廳錢廳長意見：

青年軍短期即將完成預備軍官訓練，實施退伍，關於任官、服役及其他有關制度，法規極欠充實具體，似應在人事上擬訂具體辦法，以應需要。

軍政部林次長意見（決議）：

1. 對從軍學生之優待諾言，自應實踐，此事關係最為重要，惟辦理時牽涉各方至多，須通力合作，統籌進行。

2. 應有一專管機構承辦此事，原則上即如此決定；至此機構之如何組成，業務之如何規畫，軍政部兩日內召集軍令、軍訓、教育、政治各部及銓敘廳、三青團等單位，會同商定。

3. 青年軍編練總監部撤銷後，其人員均併入於中訓團，該團現復承辦退伍軍官轉業訓練，似可即就中訓練團以此項人員為基礎，再參加各有關單位，組織所需要之機構。

4. 銓敘廳所顧慮之人事問題，俟專管之機構成立時，應

注意一併辦理。

主席意見（決議）：

1. 青年軍學生退伍前後政府所應辦之事項，關係重要，各單位派員參加專管之機構工作時，須慎選優秀勤能之人員，於事始有所濟。

2. 原公布之優待事項，此刻尚慮難以全部辦理，以後不應再行公布此類事項。

3. 學生響應從軍運動，入伍部隊，不限於青年軍，遠征軍中（如新一、新六兩軍），不乏大中學生，如僅對青年軍之從軍學生，實施各項優待，將引起不平，招致糾紛，專管之機構成立時，應予併案辦理，以示平等一致。

（二）瀘縣璧山請發還青年軍徵用校舍案（陳署長）

瀘縣、璧山各中學校長去歲來渝請願，發還青年軍徵用之校舍，當時曾允以本年秋季以前，即行發還，現復以戰爭業已結束，學校必須復員為詞，堅請提早實施，究應如何？請予公決。

軍政部林次長意見（決議）：

青年軍現正實施預備軍官教育，必須住用完好營房，且繼續使用時間，極為短促，目前不能即行發還。

決議：

應正式行文四川省政府，說明使用情形及發還時間。

三、銓敘廳報告

（一）我國勛獎現駐東北蘇軍將士情形（錢廳長報告，略）。

（二）銓敘會議籌備情形（錢廳長報告，略）。

四、主席說明事項

內蒙早已分別建省，內蒙兩字，應視為歷史名詞，不應再作為中國目前之政治地理名詞，當此外蒙實行獨立，行將與我劃界之今日，此種觀念矯正，特別重要，似可由政治部發動新聞界予以宣傳，俾人民週知，但對盟旗制度及王公稱號，不可加以評論。

至於各盟旗在政治上之組織，不過一個省以內所轄之單位而已，從政治組織實質論之，人民歸省而不歸盟旗；近來各機關行文，仍有使用「內蒙」名詞者，請行政院注意糾正。

熱、察、綏、寧四省旗盟，單位極多，甚有一旗僅三數十人者，如准其高度自治，就邊防觀點言，極不適宜，併請行政院考慮注意。

屬軍政部主管辦理事項清理一覽表

事項摘要	篇頁	經辦單位
軍令部劉次長： 共管旅順之中蘇委員會委員，我方應派出者 軍令部即將簽辦，軍政部可提出人選	四篇一頁	軍務署
次長林： 青年軍之編制指導成立專管機構統一辦理案， 軍政部即召集有關單位商討決定	五篇二頁	
決議： 瀘縣、璧山請求發還青年軍徵用校舍案，行文 四川省政府說明使用情形及發還時間	六篇二頁	軍需署

軍事委員會聯合業務會報
第二十二次會報紀錄

時　　間：三十五年一月二十八日下午三時至四時
　　　　　五十分
地　　點：軍令部兵棋室
出席人員：辦公廳　　　賀國光　劉祖舜
　　　　　軍務局　　　傅亞夫
　　　　　行政院　　　范　實
　　　　　軍令部　　　劉　斐　秦德純　張秉均
　　　　　　　　　　　鄭介民（龔　愚代）
　　　　　軍政部　　　林　蔚　吳　石　陳　良
　　　　　　　　　　　郭汝瑰
　　　　　政治部　　　袁守謙
　　　　　後勤總部　　端木傑
　　　　　撫委會　　　吳子健
　　　　　航委會　　　周至柔
　　　　　銓敘廳　　　錢卓倫
　　　　　憲兵司令部　張　鎮
主　　席：軍令部徐部長
記　　錄：張一為

會報經過
一、軍令部報告
（一）陸軍大學請聘美籍教官案（秦次長）
　　　陸軍大學擬請聘用美籍教官七人，查聘用美籍教

官，有兩點須加以考慮：

1. 時間問題，應待美軍事顧問團成立後，始便於進行
   交涉。

2. 對外交涉，總以統籌為原則，最好請由辦公廳主持，
   各單位所轄之學校，究應聘用美籍教官若干，彙齊
   後統一向美方交涉。

航委會周主任意見：

空軍教官聘用，請由航委會自行辦理。

決議：

除空軍部份外，其餘由辦公廳通知各單位，將應聘用教
官數目彙齊後，統一向美方交涉。

二、軍政部報告

（一）各軍事學校復員後之校址案（郭副署長）

　　關於復員後之各軍事學校校址問題，軍政部依照第
十九次會報決議，簽奉委座核准，計：

1. 軍令部所屬者：陸大、中央測量學校、邊務研究所、
   盟軍聯絡參謀訓練班，均在南京；

2. 軍訓部所屬者：軍校蚌埠或鳳陽，軍校第九分校迪
   化，步校徐州，騎校西寧，工校臨淮關，通校、輜
   校洛陽，機械化學校徐州，第一陸軍預備學校蚌埠；

3. 軍政部所屬者：軍需、憲兵、軍樂三校南京，醫校武
   漢，獸醫學校西寧，化學兵學校納谿，至兵工學校
   及軍械保養人員訓練班，因須在重要兵工廠附近，
   故尚未決定；

4. 軍委會所屬者：中訓團及國防研究院南京，中訓團盧

山分團廬山，譯電人員技術訓練班重慶。

　　本案應請軍訓部會同有關單位，就指定地址實施偵察後，再作更具體之決定。

（二）成立統一青年軍之管訓機構案（郭副署長）

　　上次會報議決由軍政部召集有關單位，會商成立統一青年軍之管訓機構一案，業經照辦，會商結果如次：

1. 名稱：訂名為青年軍管訓指導委員會；

2. 組織：屬軍委會，由軍令、軍政、軍訓、政治、內政、教育各部、銓敘廳、中訓團及三青團各單位合組而成，設主任委員一人，副主任委員二人，專任委員一人，下置三組及一辦公室。

軍政部林次長說明：

本案由中訓團具報委座，尚未奉批，會址設於中訓團內。

（三）委座交辦北平人民陳訴與建議案（郭副署長）

　　委座代電交下去歲在北平接獲人民陳訴與建議四項：

1. 請招致偽清河學校真勇社愛國學生；

2. 請招致偽陸軍軍官學校優秀學生；

3. 偽軍決不可用，現各縣多以此類綏靖地方，予人民以不良印象；

4. 地方雜色部隊，橫行不法，請澈查究辦。

　　謂足徵民意，飭注意並相機辦理。

　　本案第三、第四兩項，已電何總長及孫長官（連仲）注意；至第一、第二兩項，擬交軍訓部辦理。

主席綜合意見（決議）：

1. 第一、第二兩項電北平行營查明性質，加以考核登記後再定；

2. 並可先由軍訓部研究招致辦法。

（四）國營軍需工廠工人罷工案（陳署長）

重慶邇來一般工廠之工人，因要求發給年金及分配紅利諸事，致普遍發生罷工風潮，遂波及國營軍需工廠工人，致發生同樣舉動，當以和平方式妥為應付，刻幾已全部復工，惟僅一小型工廠，人數約二百餘人，尚未接受和平勸告，擬仍本既定原則處理：

1. 婉言開導復工，不能允其要求，開此惡例；
2. 如堅持無理要求，擬將廠暫行停辦；
3. 除非工人搗毀機器、廠房，不用武力彈壓，始終用言語勸導。

憲兵張司令意見：

工人雖不搗毀機器、廠房，但如對廠方職員發生脅迫行為，仍屬違法，應予拘辦。

軍政部林次長意見（決議）：

1. 工人如堅持罷工，工廠可以暫行停辦；
2. 如遇搗毀機器、廠房，或脅迫廠方職員，應用武力彈壓拘辦，但不宜直接使用軍隊，應由維持治安機關如憲兵、警察等執行。

三、政治部報告

（一）部隊普遍設置俱樂部案（袁副部長）

一星期前，奉委座代電，謂接魏德邁將軍建議，部隊應設置俱樂部，飭速擬辦，並限於春節（廢曆年節）時聚餐，開幕成立。本案政治部有左列意見擬請軍政部參加意見，以便決定：

1. 查中山室即含有俱樂範圍，如再成立俱樂部，設置重複，且增加費用，擬即就中山室改設為中山俱樂部。

2. 春節聚餐，費用如何？在此節日，部隊向係自行設法聚餐，今既以命令行之，似應請軍政部加以規定。

銓敘廳錢廳長意見：

中山室為紀念國父而設者，似不宜改為中山俱樂部，可於中山室內設致若干部，俱樂部即為其中之一部。

航委會周主任意見：

1. 俱樂部似不必冠中山二字，免失卻活潑意識，致為莊嚴所拘束。

2. 應仿美軍方式，軍官、士兵，分別設置俱樂部。

3. 至少每團須成立一所，軍政部能每所發款五百萬元，應有實效。

軍令部劉次長意見：

國軍在目前環境，設置俱樂部一事，尚屬不急要者：

第一、官兵溫飽尚不能濟，何能言及娛樂；

第二、駐地未定，且係暫用民房，不便設置；

第三、辦法設若不周，即多一層用款，恐徒予營私者多一機會。

軍政部陳署長意見：

請政治部提出此項預算，會同軍政部解決；不過本年度軍費，極為短絀，應予考慮。

軍政部林次長意見（決議）：

1. 軍隊生活枯寂，俱樂部之設置尚屬需要。

2. 俱樂部每團設置一所，各部隊之公積金數額不少，
   應分期令部隊辦理完成。

屬軍政部主管辦理事項清理一覽表

事項摘要	篇頁	經辦單位
決議： 招致偽清河學校真勇社愛國學生及偽陸軍軍官學校優秀學生案： 一、電北平行營查明性質考核登記 二、並可先送由軍訓部研究招致辦法	三篇二頁	軍務署
次長林： 軍需工廠工人罷工，如搗毀機器、廠房及脅迫內職員時，不由軍隊而由憲警執行彈壓或拘捕	四篇二頁	軍需署

軍事委員會聯合業務會報
第二十三次會報記錄

時　　間：三十五年二月四日下午三時至四時四十分
地　　點：軍令部兵棋室
出席人員：辦公廳　　賀國光　劉祖舜
　　　　　軍務局　　傅亞夫
　　　　　行政院　　范　實
　　　　　軍令部　　劉　斐　張秉均
　　　　　　　　　　鄭介民（龔　愚代）
　　　　　軍政部　　林　蔚　吳　石　陳　良
　　　　　　　　　　郭汝瑰
　　　　　軍訓部　　劉士毅
　　　　　後勤總部　端木傑
　　　　　撫委會　　吳子健
　　　　　銓敘廳　　錢卓倫
主　　席：軍令部徐部長
記　　錄：張一為

會報經過
一、辦公廳報告
（一）補助遺族還鄉費案（書面提出）
　　委座交下並飭會同有關機關核辦撫卹委員會擬訂
〈遺族還鄉補助費辦法〉一案，經召集有關單位會商辦
法四項：
1. 不必援照〈在職人員還都補助費辦法〉辦理，應專案

先辦。

2. 補助標準，參照善後救濟總署〈遣送難民還鄉辦法〉
辦理。

3. 預算由撫委會編擬，送由軍政部核轉，在未核定前，
撫委會可暫由一次特卹金內先行墊付。

4. 遺族之調查登記編組及運輸，分由撫委會及善後救濟
總署辦理。

　　是否可行？敬請公決。

劉組長補充說明：

1. 遺族還鄉之運輸，救濟總署全部負責，所謂補助費，
乃途中之食宿及零用費。

2. 善後救濟總署，不能擔負補助費，應由政府負責，惟
發給標準，有主以通過省境數目為單位者，不論人
數多少，每過一省境，為三萬元，然而省境數目與
實際途程遠近，並不一致，似仍應按照實際遠近及
人數多少給費，比較合理。

3. 補助費並不直接發與遺族，交由善後救濟總署辦理沿
途食宿醫藥。

撫委會吳主任意見：

遺族還鄉補助費，數額不多，撫委會可以墊付。

軍政部林次長意見（決議）：

補助費按人數發給，請撫委會詳細規定後再議。

決議：

由撫委會調查登記後，規定補助費數字。

二、軍令部報告

（一）為提請修正接待外賓辦法案（龔副廳長）

查外賓訪謁我軍事長官，在接待上為免紛歧起見，早經訂有統一辦法，載於〈武官手冊〉第四篇第三章、第四章及〈各國駐華海陸空軍武官現行須知〉十，以杜流弊，惟為使軍令部能確實防杜流弊起見，擬將〈武官手冊〉第四篇第四章第四條原文加以修正。

原文：「外國駐華武官有軍事要務與我國接洽時，應與軍委會軍令部接洽；外國駐華軍事代表團及美軍司令部人員有軍事要務與我國接洽時，應由軍委會外事局接洽。」

修正：「外國駐華武官有軍事要務與我國接洽時，應與軍事委員會軍令部接洽，並由軍令部派員陪往晉謁我有關長官；外國駐華軍事代表團及美軍司令部人員，有軍事要務與我國接洽時，應與軍事委員會外事局接洽，並由外事局通知軍令部派員陪往晉謁我有關長官。」

軍令部劉次長意見：

近來外人向我方要求事件，避開主管機關而向不明悉情形之長官提出，期獲允諾，流弊甚大，應即糾正。

主席意見（決議）：

1. 原則可行，但聞外事局即將裁撤，應詢明情形後，再訂修正辦法。

2. 第二廳凡得悉外賓有逕行晉謁之情事時，即將有關資料預為送致被謁之長官，俾作談話之根據，於接待時答復不致分歧。

三、軍訓部報告

（一）炮兵學校校址案（劉次長）

上次會報記錄，關於復員後之各軍事學校校址，業經指定，惟未見炮兵學校校址，不知屬於遺落或未曾規定？

軍政部郭副署長說明：

砲校校址，定在徐州，已有公文送達。

（二）偵察新校址案（劉次長）

復員後各軍事學校新校址之偵察，上次會報決議：「由軍訓部會同有關單位實施偵察」，此案似應由各單位分別自行辦理，較為省事，不必由軍訓部統一辦理，究應如何？敬請公決。

決議：

由主管機關分別辦理。

（三）招致偽陸軍軍官學校優秀學生案（劉次長）

上次會報議決，由軍訓部先行研究招致偽陸軍軍官學校優秀學生辦法，查南京偽陸軍軍官學校學生，素質極差，且已自動解散，似不必招致，偽滿洲國之軍官學校學生，聞素質較好，且淪陷甚久，情尚可原，似尚可酌為處理。

決議：

南京之偽陸軍軍官學校學生，不予招致；上週會報討論招致辦法之對象，係指北方之偽陸軍軍官學校而言，俟李主任回電後，連同偽滿之陸軍軍官學校，一併研究。

四、撫委會報告

（一）補助公務人員死亡親屬運柩回籍案（吳主任）

銓敘廳錢廳長意見：

「中央各機關學校公務人員之親屬，八年來在陪都不無死亡，現開始還都，生者不忍將親屬遺骸放置異鄉，多有要求代運者，此種人情上似難概不置理之事，應請規定統一辦法，以便處理。」究應如何？提請公決。

撫委會吳主任意見：

關於此項遺骸之運送，對陣亡將士遺族與一般公務員親屬，似應分別辦理。

軍訓部劉次長意見：

改用火葬，則簡單省費。

軍務局傅高參意見：

用勸導方式，施用火葬。

軍政部林次長意見（決議）：

此案可交由撫委會研究，擬具辦法後再議。

屬軍政部辦理事項

事項摘要	篇頁	經辦單位
決議： 復員後各軍事學校校址偵察，由各主管單位分別自行辦理	四篇一頁	軍務署主辦

軍事委員會聯合業務會報
第二十四次會報記錄

時　　間：三十五年二月十一日下午三時至五時
地　　點：軍令部兵棋室
出席人員：辦公廳　　劉祖舜
　　　　　軍務局　　傅亞夫
　　　　　行政院　　范　實
　　　　　軍令部　　劉　斐　張秉均　晏勳甫
　　　　　　　　　　龔　愚
　　　　　軍政部　　林　蔚　郭汝瑰
　　　　　軍訓部　　劉士毅
　　　　　政治部　　袁守謙
　　　　　後勤總部　端木傑
　　　　　撫委會　　吳子健
　　　　　航委會　　錢昌祚
主　　席：軍令部徐部長
記　　錄：張一為

會報經過
一、辦公廳報告
（一）香港九龍軍風紀奸匪及難僑處理案（書面）：
　　據軍風紀第四巡察團報告三點：
1. 我國軍人，出入港、九兩地，風紀極差，亦有冒充軍人搶劫滋事者，似應酌派憲兵部隊或就深圳駐軍選派相當數目駐港，受我軍事特派員指揮，維持軍

風紀。

2. 英租界內,奸匪因受縱容,從事不正當之活動,影響邊區治安甚大。

3. 香港四邑僑民約萬餘人,飢寒與疾病交迫,應予救濟。此次在港收繳日軍服裝鞋襪,甚多破舊,不堪軍用,似應飭軍政部駐港特派員就近撥給難僑,軍服由其改染,以資救濟。

辦公廳擬具處理意見如次:

1. 項擬援美軍例派少數憲兵駐港,請軍令部核辦。

2. 項擬電知軍令部、陸軍總部、聯秘處、中統局、軍統局參考核辦。

3. 項擬請軍政部核辦。

是否有當?敬請公決。

決議:

1. 項電張發奎主任就近交涉辦理。

2. 項交軍令部第二廳研究辦法後再議。

3. 項軍政部林次長表示,可以照辦。

二、軍令部報告

(一)請軍政部派海軍參謀一員入旅順中蘇委員會工作案(龔副廳長)

旅順中蘇共管委員會我方人選,業已決定,並經委座召見,尚差海軍參謀人員,請軍政部選派一員參加工作。

軍政部林次長表示:

可以照派,請將需要階級告知。

（二）各國在華電台調整限制案（龔副廳長）

1. 美國在華軍用電台有二十六處，因協助受降事宜未畢，不能全部撤銷，經呈准委座，照〈聯合國在華設置電台辦法〉第三項，給以特許證；該項辦法：「……臨時在我國設置電台，以半年為期，期滿如尚有繼續必要，應洽許延長一期，但一俟戰事終止，即應一律取銷。」

2. 英國在華有軍用電台十七處，現該國既無軍隊在華，實無繼續之必要；況戰事早經結束，亦應依法取締，惟渝台經外交部請延長三個月，其餘當令一律取銷。

3. 蘇聯在華所設電台如何？因內政關係，不易全部了解，似俟調查明白後，仍依法令其取銷。

4. 法國屢請在華設置電台，均未准許，如發現其有私設情事，自當立即取締。

航委會錢昌祚說明：

英方飛機因須經滬至日本之原因，已請准在滬設置電台三個月，從三月一日開始。

主席意見：

現應細為偵察，外人在華設置電台，究有多少？其來歷如何？明白後再作適切處理。

（三）擬派員赴美學習雷達測量大三角法案（晏廳長）

　　利用雷達測量大三角之方法，精密省費，為測量技術上之一新紀元，美國在此方面之努力，業獲成功。其空軍三一一隊隊波利夫卡上校通知本部派赴美國考察之王之卓主任稱：「渠已簽呈美空軍參謀總長，請准中國派員實習利用雷達施測大三角方法，計一組人員，包括

大地測量員三名，數學專家三名，計算員二名，地面雷達站雷達員六名，空中雷達站雷達員四名，地面無線電機械員四名，空中無線電機械員二名，四引擎駕駛員二名，航空工程師二名，航空機械員二名，共三十名，如經核准，即由美軍部正式通知。」查我國正常利用此新式方法，完成最重要之基測工作，實有派員參加實習之必要，茲擬具辦法如次：

1. 俟正式通知到達，即派員參加。
2. 按照規定人員分別籌備之原則：
   (1) 大地測量及計算，由軍令部四廳選派；
   (2) 數學專家，由軍令部招考；
   (3) 地面無線電機械員，就軍令部無線電通信人員考選；
   (4) 所有雷達員、航空無線電機械員、駕駛員、航空工程師及機械員，由王之卓在美商請毛邦初主任就在美研習航空與雷達人員中指派，擬請航委會通知毛主任協助照派，並希學成回國後，在軍令部第四廳為一定時間之服務。

   是否可行？提請公決。

航委會錢昌祚意見：

1. 本會曾向美方接洽，派員參加實習雷達，始終遲延不肯切答覆，故軍令部參加雷達測量方法之接洽，能否成功，恐難確定；
2. 英方已允我國請求，派員參加實習雷達工作，但美方聞之，又感不快，刻已採寧缺勿濫之原則，選送二十一人前往；

3. 似應先將美方對雷達測量人員之選格探詢明白，選派時始有根據；

4. 中國四發動機駕駛人員極少，而利用雷達測量之方法，兩發動機之飛機亦足可使用；

5. 實習雷達人員，選格甚高，航委會送英國實習之人員，係用招考辦法而來；又雷達應用甚廣，不限於測量方面，航委會派出人員，如永久在軍令部服務，似可不必；況航委會與軍令部之人事制度，多有不同，凡此三點，併請軍令部考慮。

軍令部劉次長意見：

有機會學習他人新式技術，以不宜輕易放棄為原則，本案請第四廳與航委會研究準備。

銓敘廳錢廳長意見：

1. 我國軍用地圖，對戰術上所需要者，應力求詳細精確；

2. 日本對中國地圖之製備，頗多可以參考，又東京之製圖設備，似亦應設法運回利用。

三、軍政部報告

（一）接收平津區電信器材廠處理案（郭副署長）

天津方面，接收敵人電信器材廠十所，有六所為軍令部接收，四所為軍統局接收，均加以封閉，久不開工生產，甚為可惜。現北方需用通信器材甚急，賴空運亦不濟事，北平行營，曾召開會議決定，請示辦理，軍政部擬請准將此項工廠，一律移交軍政部平津區特派員接收，以便開工生產。

銓敘廳錢廳長意見：

除純粹之兵工及被服可由軍事機關辦理外，凡具普通性
之國防工業，似應一律交由經濟部辦理為較適當。

主席說明：

軍令部在平津人員所接收之六廠，實際部方並未有令飭
辦，前由宋院長指定，已交出四廠，現有二廠，自應即
行移交軍政部接管。

屬軍政部主管辦理事項清理一覽表

事項摘要	篇頁	經辦單位
次長林： 軍政部在香港接收降敵之服裝鞋襪，其破舊者，可以發給當地難僑著用，以資救濟	二篇二頁	復員組
次長林： 軍政部可以派遣海軍參謀人員一員參加旅順中蘇委員會工作，請軍令部將需要階級告知	二篇二頁	海軍處

軍事委員會聯合業務會報
第二十五次會報記錄

時　　間：三十五年二月十八日下午三時至四時四十分
地　　點：軍令部兵棋室
出席人員：辦公廳　　姚　琮　劉祖舜
　　　　　軍務局　　傅亞夫
　　　　　行政院　　范　實
　　　　　軍令部　　劉　斐　龔　愚　李樹正
　　　　　軍政部　　林　蔚　彭鍾麟
　　　　　軍訓部　　劉士毅
　　　　　後勤總部　端木傑
　　　　　撫委會　　吳子健
　　　　　航委會　　錢昌祚
主　　席：軍令部徐部長
記　　錄：張一為

會報經過
一、辦公廳報告
（一）軍令部設置海軍軍令處案（劉組長）

　　軍令部根據第二十一次會報決議，簽呈委座，於第一廳成立第五處，主管海軍軍令業務，奉交核辦，法制處與第一組會商結果，決定三點，提請公決：

1. 原則上應予成立，蓋海軍軍令、軍政業務既經劃分，自應各有專管機構，俾資辦理；

2. 細節上有兩點須加斟酌：第一點，組織大綱似應改為

　　組織規程；第二點，原第六科之執掌似應加以修正；
3. 本案本應與軍政部會同簽辦，因原呈文明定三月一日
　　即將成立，為免公文往返延時，故於本會報提出，
　　以便迅速決定。

決議：

改於三月十五日成立，因與軍費預算有關，仍送軍政部
會簽。

（二）新疆暫緩實施每週發放警報一次案（劉組長）

　　軍委會會同行政院通令各省市，全國自二月一日
起，每週於星期日發放警報一次，以示警惕，現均已付
諸實施；惟新疆一省，以情形特殊，請暫緩施行，軍委
會業已照准。本案提出報告之目的，在請行政院注意，
該省有特殊之原因，不能即行一致也。

二、軍令部報告

（一）統一情報人員訓練案（龔副廳長）

　　查國軍各級情報軍官之訓練，軍令部已擬具整個計
畫，準備籌設情報軍官訓練班，業經最高情報會議認
可，現正進行中，廬山幹訓分團之情報人員訓練班，性
質相同，似應併入情報軍官訓練班一案辦理之，庶免重
覆，多耗公帑。

　　因此，擬請修正刪除西南幹訓團改施特種行動幹部
訓練計畫草案第六款第二條之條文，不負訓練情報人員
之責。

軍政部林次長意見（決議）：

在原則上，情報人員訓練，由軍令部統一辦理，廬山幹

訓分團之情報人員訓練班，應行緩辦。

（二）我國派駐日本人員應有統一對外之聯絡機構案
　　　（龔副廳長）

　　麥克阿瑟總部向我聯參處請求，對我國各部門派赴日本人員，即由該處統籌交涉，免行動紛歧，美方應付困難；查對日現係軍事管理，而聯參處又為我國正式派駐日本之聯絡機構，在我派赴管制委員會人員或軍隊未前往以前，聯參處應暫時擔任是項統一任務，茲擬具辦法三點，敬請公決：

1. 駐日人員，應與聯參處切取聯繫，由該處負統一對美方交涉之責（包括食住及交通等問題）；

2. 嗣後各單位派員赴日時，請先通知軍令部，以便電聯參處準備；

3. 關於派員赴日前，在國內對美方之交涉，希各原派機關，與軍令部切取聯繫。

　　本案所謂統一，有兩種意義：一為軍事委員會與行政院所轄範圍之分別統一，一為軍政兩方之整個統一，在軍事統一方面，由軍令部負責，行政院方面意見如何？請於二日內答覆。

軍令部劉次長意見：

我國派赴日本人員之應統一，其性質與參加管制委員會根本不同，不能因管制委員會成立，此項統一工作，即可由其承辦；至於統一程度，行政與軍事分別辦理，較為相宜。

辦公廳姚副主任意見：

對外時，軍政兩方似應作整個之統一。

主席意見（決議）：

軍政整個統一。

（三）修正援助韓國光復軍辦法案（龔副廳長）

　　援助韓國光復軍辦法，係於日本投降前所訂定者，現在多應加以修正，以符事實（原辦法六條之修正，從略），是否有當？敬請公決，俾便簽呈委座批示，通飭實施。

決議：

照修正辦法簽呈請示。

屬軍政部會辦理事項

事項摘要	篇頁	經辦單位
辦公廳提： 軍令部擬請增設海軍軍令處案，原則上似應准予成立 決議： 送軍政部會簽	二篇一頁	軍務署 會計處

軍事委員會聯合業務會報
第二十六次會報記錄

時　　間：三十五年二月二十五日下午三時至五時半

地　　點：軍令部兵棋室

出席人員：辦公廳　　姚　琮　劉祖舜

　　　　　軍務局　　傅亞夫

　　　　　行政院　　范　實

　　　　　軍令部　　劉　斐　秦德純　許朗軒

　　　　　　　　　　龔　愚

　　　　　軍政部　　林　蔚　陳　良　彭鍾麟

　　　　　　　　　　鄭冰如

　　　　　撫委會　　吳子健

　　　　　航委會　　周至柔

　　　　　銓敘廳　　錢卓倫

主　　席：軍令部徐部長

記　　錄：張一為

會報經過

一、辦公廳報告

（一）駐日人員統一對外案（劉組長）

　　上次會報軍令部提議：我國現駐日人員，對盟軍總部交涉聯繫，應統一辦理，決議，以軍政整個統一為原則，並徵求行政院之意見，現行政院指定對日委員會我國代表朱世明負統一之責，即將函知本會，本案是否即依其意見辦理？請公決。

軍令部龔副廳長意見：

在朱世明未赴日以前，統一事宜，可否仍由王之負責？
應予決定。

主席意見（決議）：

待公文到時再議。

（二）各軍事學校聘用美籍教官案（書面）

本廳彙辦各軍事學校聘用美籍教官一案，茲依據各
機關學校所報，計需教官二○二員、助教三八員，製成
課目員數統計表，提請公決。

劉組長補充說明：

測量學校及海軍方面，是否需要美籍教官？因未據報，
不能確定，如仍需聘用，應即提出，以便一次作全盤之
交涉。

軍政部林次長意見：

海軍方面需要美籍教官，當補函提出。

主席意見：

測量學校，需要聘用美籍教官。

決議：

本案俟彙齊後，即送美方參考。

二、軍令部報告

（一）視察韓俘韓僑管理情形案（龔副廳長）

韓俘韓僑，自與日俘日僑隔離加以集中管理後，因
負責人不慎重分別良莠，任意沒收財產，以至最初之善
意，反招致不良之反響，現李青天要求我方派員，會同
前往視察，以便根據實際情形，作合宜之處理，是否可

行？提請公決。

軍令部劉次長說明：

韓代表李青天迭謂：「日人佔領韓國甚久，故強迫韓人來華作戰，又隨軍來華之韓僑，為虎作倀者，亦有其人，但多數係出於不得已，請我方除對不良分子按戰爭罪犯處理外，其餘望加以原諒，以便韓國臨時政府收服其心，將來遣送回韓後，可致力於中韓親善之工作。」查韓人之俘虜僑民使與日人隔離另行集中管理之目的，不過在精神待遇上比較寬大，至物資待遇，仍與日俘日僑同，殊管理人不明此意，違悖政府多年扶助韓國獨立之旨趣，尚有不法情事，故應派人視察，韓僑之財產，不應沒收者須即發還，甘受日人庇護，走私販毒者，始予沒收；此事軍事與行政均有關係，故須有關機關派員參加視察。

決議：

1. 韓僑財產處理，由行政院負責。

2. 由行政院、軍政部、軍令部、韓國駐華代表團、韓國光復軍各派一員組織視察組，前往各地視察，由階級高者充任組長。

3. 視察時間一月，所需交通工具，由航委會、後勤總部撥給機位或艙位。

（二）過湘部隊糧食供應案（許處長朗軒）

　　湘省吳主席連續三電請示委座，謂由滇過湘之一個軍，後勤總部駐湘供應局要求省府供給糧食，查湘災嚴重，又擔負日俘二十五萬之食糧，實無力增加供應，懇令飭部隊改道，軍令部奉交核辦。查過湘部隊，其先頭

已到芷江，改道業已逾時，請後勤總部設法將所需糧食迅速運湘接濟。

後勤總部端木副總司令意見：

一個軍通過湘境，所需糧食無多，該省愁駐紮不愁通過，後勤總部決定發款購買，尚無問題，請軍令部令飭部隊迅速照原令到達鄂省，勿在湘省久留。

（三）車運九十三軍案（許處長朗軒）

九十三軍由越南開至九龍，必須至三月底到達；蓋注射防疫針及領發服裝，需時兩週，美方規定四月十五日開始船運，遲則不負責運輸，故該軍行動，不能絲毫延誤，茲提出中途車運及監督行程辦法數點，併請後勤總部考慮決定：

1. 駐昆明之第十七輜汽團，滇西任務業已解除，令其開至海防隨第六十軍行動，必須經過南寧。

2. 南寧至梧州，徒步須二十二日，據張主任電稱，梧州以上，江水甚淺，僅能派遣小船至南寧運輸行李，不能運人，惟有就便使用輜汽第十七團施行輸送，往返二次需時十日即可全部運完。

3. 最好通知美方，使輜汽第十七團隨九十三軍行動，否則，於南寧－梧州間運完該軍後，仍能依限於三月底間至海防。

4. 此種行軍，因須趕及海運時間，情形急迫，惟恐部隊長及運輸部隊，視為尋常調動，中途遲誤，軍令部擬派員飛廣州向張主任說明情形，請其嚴格監督，隨即轉赴南寧，就地督導；並請後勤總部亦派員前往，俾向運輸部隊說明情形，監督運輸。

軍令部龔副廳長意見：

為節省注射針藥時間，似可通知美方，改在南寧、梧州施行為便。

後勤總部端木副總司令意見：

南寧一梧州間改用輜汽第十七團輸送，可無問題，惟油料缺乏，俟回部將實情詢明後即行答復；為使運輸部隊明白九十三軍調動情形，後勤總部可以派員前往說明。

決議：

龔副廳長之意見，可以照辦。

（四）駐越部隊撤退回國案（許處長朗軒）

外交部已呈准委座，將駐越部隊撤回，此與軍事各單位有關，例如接收物資內運問題，即影響撤退時間，請有關單位提出意見，迨〈中法協定〉簽字後，以便根據下達撤退命令。

軍令部劉次長意見：

接收物資，法方如可派兵代管，部隊當可依限撤退。

軍政部林次長意見（決議）：

部隊可先行撤退，至接收物資，可向法方交涉，代為保管，以後再運。

主席意見（決議）及說明：

1. 向法方交涉，除撤兵問題外，對接收物資應負責代為保管一層須明白提出，俾期獲得確切答復。

2. 協定文中所訂撤兵日期，實際可以延緩。

三、軍政部報告

（一）擴大使用從軍學生退伍辦法案（書面）

憲兵教導第三、四、五各團，新一、新六兩軍（除二〇七師），輜汽第十五團及突擊總隊，均有學生從軍，現紛紛要求退伍入學或改施預備軍官訓練；查青年軍學生之退伍辦法，業經擬訂，擬依照該項辦法，准予退伍，茲規定實施原則兩項：

1. 在服役之部隊受降工作未完成以前，暫留營服役。
2. 受降任務完成後，志願退伍者，准於本年五月底加以考試，合格者退伍為預備軍士，志願為預備軍官者，可送青年師補受預備軍官訓練後，再行退伍。

是否可行？提請公決。

銓敘廳錢廳長意見：

1. 汽車訓練班亦有學生從軍，應予加入。

軍務署彭主任答復：即查明加入。

2. 有若干係大學生，且已受軍官訓練者，似可不必再送青年師補訓，即應予以預備軍官之資格。
3. 新一、新六兩軍訓練時間甚長，組織健全，似可即就各該軍實施預備軍官訓練，不必轉送青年師，其中優秀而受軍事教育長久者，即可逕行予以預備軍官資格，似可不必再訓。

軍政部林次長意見（決議）：

1. 凡屬從軍學生，雖未在青年軍，仍應同樣辦理退伍。
2. 服役部隊受降工作未完成以前，不准退伍。

決議：

1. 退伍辦法再加一條：「已受軍官訓練者，即予以預備

軍官資格，不送青年師補訓；又受訓時間甚長者，由軍訓部考核認為合格時，亦予以預備軍官資格退伍，不再補受軍官訓練。」

2. 送軍訓部參加意見後，於下次會報提出討論決定，以便簽呈委座核示。

（二）設立中央軍事體育學校案（書面）

國民政府抄發本會辦公廳賀主任簽呈並附軍訓部、航委會及海軍總部原會呈等件，以有設立中央軍士體育學校之必要，請准予籌設一案，飭核議具報，軍政部審核意見有二：

1. 普通國立、私立體育專學校甚多，一般中學、大學亦將普遍實施軍訓，當此軍事機構緊縮之際，似無成立中央軍事體育學校之必要。

2. 既經軍訓部、航委會及海軍總部會商，均請應予設立，似可准予照辦。

　　兩種意見何者為當？提請公決。

決議：

照第一項意見辦理，不必設立。

（三）新制軍官領肩章製發辦法案（鄭副署長冰如）

新制軍官領肩章，製發辦法，應合理確定，以重官制，並藉此整理取締擅委軍官之弊病。

1. 現在領章係以現職為佩用標準，將來應整理按官授職，依官佩用領肩章。

2. 軍官領肩章一律統一製發，不准民間製售，任官發章。
　　是否可行？提請公決。

航委會周主任意見：

統一製發，事實恐不可能，而擅委軍官之惡習，其取締
辦法，在乎人事制度之適宜，人事業務之健全，與領章
之統一製發或民間製售，不生關連。

主席意見（決議）：

由銓敘廳、軍需署、軍務署會同研究，擬訂辦法，於星
期四軍事會報提出討論決定後，即簽呈委座核示。

（四）服裝發給案（陳署長）

1. 此次接收美方夏服，計上裝十六萬件、下裝六萬件，擬
   對陪都、首都兩地之軍官佐屬，每人發給上裝二件、下
   裝一件（另將官發嗶嘰、校尉發咔嘰服各一套），惟肩
   上無帶，與我國新式服制略異，擬仍予照發。

2. 九十三軍及六十軍因預訂開赴東北，由美方交來之防
   寒服裝二十五萬套，計十四種，每人十七件，每兵一
   套，值國幣百萬元以上，原令飭運九龍發給，以便船
   上著用，現該兩軍既在四月十五日以後上船，氣候無
   論南北，已極和暖，且已發有棉服，無需防寒服裝，
   擬逕行運至秦皇島存儲，迨秋季到時再發，如該部離
   開東北，即可不發。

3. 由滇開鄂之部隊，因鄂省未儲備夏服，經過貴陽
   時，擬就備發駐黔部隊之夏服移發，由部隊運至鄂
   省，以備換季之用。

決議：

均照軍需署之意見辦理。

（五）提高官兵待遇實現文武一致案（陳署長）

   本案記錄從略。

四、航委會報告

（一）控制航委會空運噸位案（周主任）

航委會因顧念國家運輸工具困難，凡還都之眷屬及空軍需用之器材、炸彈，均改用船運，以期節餘空運噸位，運輸各機關之重要軍事業務人員，經擬具辦法呈軍委會核示，尚未批下，聞辦公廳核辦此案，意見與航委會頗有出入，將交由復員運輸委員會，與中航機同樣，全部噸位均加以控制，仍請按航委會之實際情形，以能節餘空運噸位若干，交由復員運輸委員會分配為便。

決議：

照航委會意見辦理。

（二）陸空連絡之準備及訓練案（周主任）

現雖停戰，陸空連絡，應乘此時機，加緊準備訓練，茲提出意見數點，請有關單位注意辦理：

1. 通信工具為無線電、無線電話及布板信號三種，布板請軍令部、軍政部規定，通令準備，無線電話請軍政部準備。

2. 現在軍政部之準備如何？無線電話較布板為佳，須與航委會商辦，以期合用。

3. 通信工具準備妥善後，可否由航委會主持訓練？

軍令部龔副廳長意見：

美、英陸空連絡，通由空軍主持訓練，我國似可仿行。

軍政部陳署長說明：

南京復員會議，布板信號，規定於三月底備齊。

軍政部林次長意見（決議）：

軍政部已注意準備通信工具，訓練可由航委會主持。

主席意見（決議）：

1. 無線電話加以調整，陸空配合一樣。

2. 由軍政部通信兵司召集有關機關開小組會議，討論辦
   法施行。

五、撫卹委員會報告

（一）補助遺族還鄉及公務人員死亡親屬運柩回籍案
　　　（書面）

　　二十三次會報決議：「關於遺族還鄉費及公務人員
死亡親屬運柩回籍費之補助案，由撫卹委員會擬定辦法
提出討論。」茲擬具〈資送抗戰殉職官兵遺族還鄉辦
法〉及〈陸海空軍抗戰殉職官佐暨死亡直系親屬運柩辦
法〉各一份（略），是否有當？敬請公決。

決議：

由法制處召集有關機關開小組會議討論後，再提出決
定，務在參政會開會之前，將辦法確定。

屬軍政部辦理事項清理一覽表

事項摘要	承辦單位	篇頁
次長林： 海軍需要聘用美籍教官，當補函說明需要情形	海軍處	二篇一頁
決議： 被俘韓人管理情形，軍政部應派一人參加視察	人事處	二篇一頁
決議： 青年軍以外之從軍學生退伍辦法，應再加一條，並送軍訓部參加意見後，簽呈委座核示	軍務署	六篇二頁
決議： 軍政部審核設立中央軍事體育學校案，決議不必設立		七篇二頁
決議： 新制軍官領肩章製發辦法，由銓敘廳、軍需署、軍務署會商辦法，提出評論，以便簽呈委座核示		八篇一頁
決議： 軍政部軍需署報告三點： （一）京渝兩地軍官佐屬夏服發給辦法 （二）六十軍及九十三軍之防寒服裝緩發 （三）駐滇部隊開鄂在貴陽移發存儲該地之夏服 決議： 均照辦	軍需署	八篇二頁
決議： 陸空連絡通信工具準備，由軍政部軍務署通信兵司召集有關機關開小組會議，討論辦法施行	軍務署	十篇一頁

屬軍令部辦理事項清理一覽表

事項摘要	篇頁
部長徐： 測量學校需聘用美籍教官，應補函說明需要情形，以便辦公廳彙辦	二篇一頁
後勤總部： 請軍令部令飭由滇開鄂之部隊，過湘境時勿久留，免糧食供給困難	三篇二頁
決議： 通知美方在南寧、梧州對九十三軍注射針藥	五篇一頁
部長徐： 越南撤兵事，向法方交涉時，對我方收繳物資之保管，應由法方負責，須確切提出	五篇二頁

軍事委員會聯合業務會報
第二十七次會報記錄

時　　間：三十五年四月一日下午三時至五時五十分
地　　點：軍令部兵棋室
出席人員：辦公廳　　　姚　琮　姚　樸
　　　　　軍務局　　　傅亞夫
　　　　　行政院　　　范　實
　　　　　軍令部　　　秦德純　張秉均　冀　愚
　　　　　　　　　　　許朗軒
　　　　　軍政部　　　吳　石　陳　良　周彭賞
　　　　　軍訓部　　　劉士毅
　　　　　政治部　　　鄧文儀
　　　　　後勤總部　　端木傑
　　　　　撫委會　　　吳子健
　　　　　航委會　　　周至柔
　　　　　銓敘廳　　　錢卓倫
　　　　　憲兵司令部　張　鎮
主　　席：航委會周主任代
記　　錄：張一為

一、辦公廳報告

（一）陸軍機械化學校擬即開始遷移案（姚副組長）

　　陸軍機械化學校校址，奉令在徐州選定，刻已覓定
中、東兩兵營適合該校之用，軍訓部具呈本會請予撥
定，並擬即行開始遷移，查軍政部業經劃歸中、東兩兵

營為該校校址，且已接收，惟遷移時間應如何決定，特提請公決。

辦公廳姚副主任意見：

收復區物價高漲，交通又極端困難，機械化學校，似可從緩遷移。

主席說明：

美國軍事顧問團，對我國各軍事學校，無論師資、教材、校址，均有整個意見，徐州附近是否適合機械化學校校址，在美國軍事顧問眼光中，尚難判定，本案以暫不作具體決定立時遷移為佳，營房亦可以暫行停撥。

軍訓部劉次長意見：

機械化學校雖可暫不遷移，但校址既經軍政部撥定，仍須接收；蓋委座飭速籌備訓練編餘軍官之優秀人員，徐州之中、東兩兵營，即可作為校址也。

（二）各軍事學校聘美籍教官案（姚副組長）

二十六次會報提請決定各軍事學校聘用美籍教官案，議決俟海軍及測量方面提出需要數目後，由辦公廳彙辦，現已彙列竣事，茲將學校單位、課目、教官統計成表，再提請公決。

軍訓部劉次長說明：

查美方對我國軍事學校教育，每校將派一訓練組從事協助，本案是否仍有送請美方辦理之必要，應待考慮後，再行決定。

決議：

本案保留，待還都後始行決定。

（三）法制處周處長請經常出席本會報案（姚副組長）

　　法制處周處長以聯合業務會報時有交審各項法規情事，為明瞭全案情形以便審核起見，擬請准予經常出席，聽取討論，是否可行？提請公決。

決議：

通知周處長為聯合業務會報出席人員。

二、軍令部報告

（一）派優秀情報參謀軍官赴美學習空中照相判讀案
　　　（龔副廳長）

　　空中照相判讀至為重要，應即培養此項人才，實施該項作業，以加強情報之效能，茲擬具辦法三項，是否可行？提請公決：

1. 由軍令部第二廳遴選優秀參謀赴美學習，以便回國後推行此項行政；

2. 軍政部對於器材購置之預算，有根據計畫提出之責；

3. 請由軍政部會同軍令部、航委會商請美國協助，籌辦照相與判讀之器材。

決議：

1. 由軍令部第二廳承辦，向美、英兩國分別交涉派員學習，如有成效，再行派送；

2. 野戰空中照相判讀，抽調師團情報人員，由航委會負責訓練；

3. 所需器材，其種類、數量、購置地點，應分計出，交由軍政部辦理預算及購置事宜。

（二）韓國光復軍在京需用營房案（龔副廳長）

　　討論情形（略）。

（三）湘災嚴重減少駐軍案（許處長朗軒）

　　查湘災嚴重，各方要求減少駐軍，以期減輕人民軍糧負擔，前曾決定凡部隊通過湘境者，即迅速通過，駐湘境者，設法調動部份離開，軍令部職掌範圍內所應辦者，均已辦理，至游擊、挺進及忠勇隊等屬軍政部主管，原定於二月底歸併整理，裁撤番號，現尚有若干番號依然保存，應請注意迅速編遣。

三、撫卹委員會報告

（一）國葬公葬再展緩舉行案（吳主任）

　　查國葬公葬案，二十八年決定「抗戰期間暫不舉行」。抗戰勝利後，復經擬具辦法提出第十三次聯合業務會報討論，決定由撫卹委員會召開小組會議再加研究，正辦理間，復奉府令以戰後民生凋敝，復員善後工作緊急，國葬公葬，仍應緩辦，撫卹委員會負責召開之小組會議，亦應暫行停止，以符通令。

（二）抗戰殉職官兵遺族還鄉補助辦法案（吳主任）

　　法制處審訂之〈抗戰殉職官兵還鄉補助辦法〉，由本席待為提出報告（逐條宣讀），是否可行？請予公決。

決議：

由軍委會（辦公廳負責承辦）會同行政院，擬具簡單切實辦法辦理。

（三）陸海空軍抗戰殉職官佐暨死亡親屬運柩辦法案
　　　　（吳主任）

　　本案係法制處審訂，由本席代為提出報告（逐條宣讀），是否可行？請予公決。

決議：

本辦法保留，先行調查登記，俟交通工具許可後再行斟酌辦理。

軍事委員會聯合業務會報
第二十八次會報記錄

時　　間：三十五年四月八日下午三時至四時半

地　　點：軍令部兵棋室

出席人員：辦公廳　　　姚　琮　劉詠堯

　　　　　軍務局　　　傅亞夫

　　　　　軍令部　　　劉　斐　秦德純　張秉均

　　　　　　　　　　　龔　愚

　　　　　軍政部　　　林　蔚　吳　石　方　天

　　　　　　　　　　　莊明遠

　　　　　後勤總部　　端木傑

　　　　　撫委會　　　吳子健

　　　　　法制處　　　朱熙麟

　　　　　銓敘廳　　　劉祖舜

　　　　　憲兵司令部　張　鎮

主　　席：軍政部次長林蔚代

紀　　錄：張一為

一、辦公廳報告

（一）取締非現職軍人妨害軍譽案（書面）

　　　第一軍風紀巡查團呈請取締非現職軍人妨害軍譽兩點，奉交核辦：

1.業經撤銷番號之部隊，其辦事處、通訊處、留守處、聯絡員等，所在多有，擾民違法，妨害軍譽，擬請分飭限期肅清，並令憲兵嚴密取締。

2. 已離職官兵，仍佩帶原機關部隊證章符號等，犯法為
　　非，敗壞軍紀，擬請分飭從嚴查辦。

辦公廳：

已承辦會令飭憲兵嚴密取締，1 項並轉軍政部知照。

主席綜合意見（決議）：

1. 令各機關、部隊、憲兵，三方面一律從嚴取締。

2. 令各軍風紀巡察團一律從嚴查辦。

兩項即由辦公廳承辦會令通飭遵照。

二、軍政部報告

（一）發起七七追悼陣亡將士死難同胞案（書面）

　　抗戰勝利後之第一個七七，對捐軀殉國之將士及奮
鬥死難之同胞，應擴大舉行追悼，以示褒揚，查為期已
迫，應即發起籌備，以便推動進行，茲擬具辦法六項：

1. 擬由軍委會辦公廳、行政院、內政、軍令、軍政、軍
　　訓、政治等部及銓敘廳、撫委會各機關，聯合組織
　　追悼大會籌備處，並由辦公廳召集，開始籌備。

2. 首都及各省市縣同日舉行追悼，其辦法由撫委會擬
　　訂，送由追悼大會籌備處召集審訂後，提出聯合幕
　　僚會報決定之。

3. 應慰問陣亡將士遺族，並酌餽慰問金，擬由政府撥款
　　與各界捐獻併行籌集，其慰問與發動捐獻辦法，由
　　籌備處擬辦呈核。

4. 由有關各部會同編印簡要戰爭經過與陣亡將士英烈事
　　蹟，以資褒揚。

5. 為鼓勵全國熱烈贊助參加，由政治部發動輿論宣傳。

6. 由政治部約集各劇作家,編著各種抗戰英烈劇本,於
   七七在各大都市上演。

   　各項辦法當否?敬請公決。

決議:

原則通過施行,照1項所擬,組織籌備處,其他各項均
由籌備處籌畫辦理。

(二)擬定新制式軍便服案(書面)

　　查陸軍軍常服,業經先後修正,惟軍便服一項,原
定式樣,因節省材料,係短袖短褲,似有修改必要,茲
擬繪新制式(照美軍夏季服裝擬訂,上裝襯衫形,長
袖,束摺於下裝內,下裝照軍常服下裝樣式,長褲)軍
便服圖說一份,是否可行?敬請公決。

決議:

照原規定通過施行,惟褲帶須加規定,在中央未統一製
發以前,自行購製,應一律黃色皮質,不得歧異。

三、銓敍廳報告

(一)為加強人事管理擬請政治部協助攝影案(書面)

　　查人事管理,因種種條件限制,履歷表多未附照
片,致生若干困難,當此部隊復員時期,本廳派遣人
事人員分赴各地區指導人事任免,擬對人事資料,就
便蒐集,將照片補齊,茲擬具辦法兩項,是否可行?
敬乞公決。

1. 請政治部中國電影製片廠,派遣攝影人員,攜帶器材
   協同前往,每一軍官佐均攝製二寸半身照片五張。

2. 所需經費,由公家支付,請政治部擬具預算,報由

軍政部核發。

決議：

由銓敘廳與政治部商洽，視其能否派出攝影人員擔任此
項工作後，再定辦法，提出討論。

軍事委員會聯合業務會報
第二十九次會報記錄

時　　間：三十五年四月十五日下午三時至五時

地　　點：軍令部兵棋室

出席人員：辦公廳　　　劉詠堯

　　　　　軍務局　　　傅亞夫

　　　　　行政院　　　范　實

　　　　　軍令部　　　劉　斐　張秉均　杜　達

　　　　　軍政部　　　林　蔚　吳　石　方　天

　　　　　軍訓部　　　劉士毅

　　　　　政治部　　　袁守謙

　　　　　後勤總部　　端木傑

　　　　　撫委會　　　吳子健

　　　　　航委會　　　錢昌祚

　　　　　法制處　　　朱熙麟

　　　　　銓敘廳　　　錢卓倫

　　　　　憲兵司令部　張　鎮

主　　席：軍令部次長劉斐代

記　　錄：張一為

一、軍令部報告

（一）共軍藉復員派遣黨員回鄉煽動案（張廳長）

　　　報告、討論及決議略。

（二）共軍在渤海利用長山島非法運兵案（張廳長）

　　　報告、討論及決議略。

（三）繼續保留各級司令部諜報組及諜報參謀案（二
　　　廳書面）

　　戰時各級司令部增設之諜報組及諜報參謀，軍政部
在本年整軍辦法中將其一併裁撤，經承辦會令通飭遵
行，查軍令部前奉委座代電，飭會同軍政部擬定綏靖區
軍師部隊情報組織及實施辦法，業奉核准令行，而目前
情勢又確有繼續保留之必要，擬通令繼續保留，當否？
提請公決。

決議：

視事實上必要，可予保留，如長江以北之綏靖部隊，繼
續保留，長江以南者，可以裁撤。

（四）改善技術人員待遇案（二廳書面）

　　軍令部技術室，為軍事通訊技術研究機構，其技術
人員之選任，需要程度甚高，惟因待遇與一般公務人員
過於懸殊，而任用又受軍事人事法規限制，階級較低，
以致原有人員藉故他去，影響業務，至為重大，茲擬訂
辦法兩項，俾資改善：

1. 按照軍政部彈道研究所例，一律改為文官待遇；

2. 以學歷、經歷及技術程度為標準，一律比照文官任職。

當否？提請公決。

銓敘廳錢廳長意見：

軍用技術人員，常因待遇較低，各機關為防止其他去，
設法在階級上予以特殊便利，實為一不合理之辦法，依
法應受普通考試，經銓敘部銓敘階級，軍事機關，即比
照其規定任用，始為允當。

軍令部劉次長意見：

各國對國防科學與技術，皆以鉅額經費從事研究推動，進步水準，實足驚人；我國現在努力程度，至為落伍，所研究者，用處甚微，似應俟軍事機構改組完成後，設置一個機關，統一主持研究，較有實效。

決議：

在過渡期間，請由軍政部提高待遇，暫行維繫此項技術人員。

（五）邊務研究所無底缺學員請照原階級待遇案（二廳書面）

查邊務研究所所召訓學員，係由邊防部隊中之優秀軍官挑選而來，以原送部隊，時有裁撤，經先後咨請軍政部改調為無底缺學員者計二十六名，准照原階級支給薪餉。辦理無異，去年十二月軍政部以「收訓學員，准援軍官隊收訓辦法，一律以准尉待遇。」函知軍令部，曾先後函請照原階核發，迄今數月，尚無結果，無力再墊，應請仍照原階給予待遇，並請從速撥給經費，以資維繫。

軍政部林次長答復：

本案即交本部軍需署照原階級待遇。

（六）派遣優秀參謀赴美學習空中照相判讀案（二廳）

本案業經第二十七次會報提出討論，當決議辦法三項，茲因情形變遷，另行如左之決議。

軍政部劉次長意見（決議）：

本案俟中樞軍事機構改組竣事後再辦。

軍政部林次長意見（決議）：

本案應俟美國軍事顧問團組織完成後，再確定辦法，向其提出。

（七）中國銀行請求利用英機空運鈔票案（二廳）

中國銀行，以僑匯中斷甚久，鑑於我國已允英國飛機，由香港飛赴日本，有三個月之特許，可經過上海，擬在此期間，請用英國飛機，運送鈔票，現英國業已允許，特請核示，航委會方面對此之意見如何？

航委會錢首席參事意見：

為維護領空尊嚴，對英國特許之航線，原屬不得已，故我不必圖附搭之便宜，如必需運鈔票，航委會可派飛機代運。

決議：

財政部有需要時，應由其向航委會交涉派機運送，不宜請求外人。

二、軍政部報告

（一）部隊改編後超級支餉案（方署長）

查部隊整編後，軍長改任師長，師長改任旅長，遞次以至上等兵改任一等兵，其薪餉是否仍照整編前之給予超級支給？抑照整編後之編制階級支給？提請公決。

銓敘廳錢廳長說明：

軍官業經規定超級支薪，至士兵則尚未規定施行。

軍令部張廳長意見：

軍士降為列兵，如不照原階級給餉，大多即行逃亡，同時必連帶有列兵數名隨走，於部隊整編後兵員數額之影

響甚大，似應保持超級支餉若干時間，再行取銷，或趁加餉機會，就便調整為正規待遇。

軍政部林次長意見：

部隊整編後，可支超級薪餉，於六個月之內，按編制規定，再加調整。

三、銓敍廳報告

（一）證章一律佩於左上袋袋蓋鈕扣上方案（書面）

為便於懸佩勛獎表，並為尊重此項獎品，證章不宜帶於其上方，茲規定證章一律佩於左上袋袋蓋鈕扣上方。

決議：

通知機關、學校、部隊，照規定一律施行。

屬軍政部辦理事項清理一覽表

事項摘要	篇頁	性質	承辦單位
決議： 各級司令部諜報組及諜報參謀，在長江以北之綏靖部隊，繼續保留，以南者一律裁撤	二篇一頁	本部會辦 軍令部主辦	軍務署
決議： 軍令部二廳技術室技術人員，在過渡期間，由軍政部提高待遇，暫行維繫	三篇一頁	本部會辦 軍令部主辦	軍需署
次長林： 邊務研究所學員，無底缺者，交本部軍需署照原階支給待遇	三篇二頁	本部會辦 軍令部主辦	
次長林： 部隊整編後，可支超級薪餉，於六個月內，按編制規定，加以調整	四篇二頁	本部主辦	

屬軍令部辦理事項清理一覽表

事項摘要	篇頁	性質	承辦單位
決議： 各級司令部諜報組及諜報參謀，在長江以北之綏靖部隊，繼續保留，以南者一律裁撤	二篇一頁	軍令部主辦 軍政部會辦	第二廳
決議： 軍令部二廳技術室技術人員，在過渡期間，由軍政部提高待遇，暫行維繫	三篇一頁		
林次長： 邊務研究所無底缺學員，交軍政部軍需署照原階支給待遇	三篇二頁		
決議： 派遣優秀參謀赴美學習空中照相判讀案，俟中樞軍事機構改組及美方軍事顧問團成立後，再訂辦法提出		軍令部主辦	

軍事委員會聯合業務會報
第三十次會報記錄

時　　間：三十五年四月二十二日下午三時至四時半
地　　點：軍令部兵棋室
出席人員：軍務局　　　傅亞夫
　　　　　軍令部　　　劉　斐　秦德純　廉壯秋
　　　　　　　　　　　龔　愚
　　　　　軍政部　　　林　蔚　吳　石　方　天
　　　　　　　　　　　戴高翔
　　　　　後勤總部　　端木傑
　　　　　撫委會　　　吳子健
　　　　　航委會　　　錢昌祚
　　　　　法制處　　　朱熙麟
　　　　　銓敘廳　　　劉祖舜
　　　　　憲兵司令部　湯永咸
主　　席：軍令部徐部長
紀　　錄：張一為

一、軍令部報告

（一）遣送韓國光復軍回韓案（龔副廳長）

　　陸軍總部令韓國光復軍回國，限於四月底集中上海，由美船運送；李青天昨日來部面稱，以集中上海，限期過促，請予延緩，當答以因係由美國船隻運送，未便照辦，渠即提出回函辦法及請求事項之七點：

1. 盼望一批運送完畢。

2. 官兵及眷屬，在渝者百人，在漢者百五十人，請以飛機於四月底前運至上海集中。

3. 請發五千萬元治裝及補助費，蓋在南京整備營房及籌備辦理訓練班，領款業已用完，盼另予補助。

4. 三至四兩個月補助費及改良待遇應增發之經費，盼發至上船之日止。

5. 上船離華時請免予檢查。

6. 華籍職員，給薪三月資遣。

7. 在南京整備房產，由韓國駐華代表團接收使用。

　　因還都空運緊急，當答以無法分撥機位；至經費方面，應請軍政部速為核辦。

軍政部林次長意見：

經費事由軍政部答復，當盡量予以便利。

主席意見（決議）：

在漢口者應令其於四月底前集中上海，在渝者儘速設法運滬。

（二）華北自新軍續予保留案（秦次長）

　　北方自新軍共十二個團，目前對奸匪蠢動，均負有重要軍事任務，陳副長官曾前往視察，認其素質尚佳，刻待遇仍係照軍政部規定，按去年年底國軍待遇，八成支給，現陸軍總部令飭至五月底止撤銷，停支給與，經李主任、孫長官、陳副長官、熊市長會商，認為必須保留，如一經宣布裁撤，縱不至有所異動，然放棄任務，亦足影響北方軍事，仍聯名報告委座，請予保留，事關經費開支，請軍政部注意此事。

軍務局傅亞夫說明：

委座已批准，可延至九月底止。

軍政部林次長意見（決議）：

本案由陸軍總部辦理，惟只須說明准予繼續保留，不必說明延至九月底止，以到時再發命令撤銷，較合機宜。

二、銓敘廳報告

（一）大批任職令送蓋會印所需費用案（書面）

　　整編陸軍，需用大批任職令，送蓋會印時，機要室以一次所用銀硃伏油甚多，限於公費定額，無法購辦，囑供應此項原料，擬請仍由機要室專案請款採購，提前趕蓋，以應急需，當否？敬請公決。

決議：

由辦公廳專案報銷，應飭機密室迅速準備蓋印此項任職令。

（二）大批蓋用府印會印擬套印以省麻煩案（劉副廳長）

　　查青年軍退役需用預備幹部適任證書十二萬份，部隊整編需用大量任職令及用國府名義頒發多數退役令，若一一蓋印，費時甚大，擬將府印會印及官章，倣財政部債券套印部印辦法，免除技術上需用之大量時間，經擬具辦法四項（略），當否？敬請公決。

決議：

由銓敘廳承辦會函，與文官處洽商辦理。

民國史料 41

抗戰勝利後軍事委員會聯合
業務會議會報紀錄
Joint Meeting Minutes of Military Affairs
Commission, 1945-1946

主　　編　陳佑慎
總 編 輯　陳新林、呂芳上
執行編輯　林弘毅
文字編輯　詹鈞誌
排　　版　溫心忻

出　　版　 開源書局出版有限公司

香港金鐘夏慤道 18 號海富中心
1 座 26 樓 06 室
TEL：+852-35860995

民國歷史文化學社 有限公司

10646 台北市大安區羅斯福路三段
37 號 7 樓之 1
TEL：+886-2-2369-6912
FAX：+886-2-2369-6990

初版一刷　2020 年 10 月 30 日
定　　價　新台幣 350 元
　　　　　港　幣　90 元
　　　　　美　元　13 元
I S B N　978-986-99448-5-4
印　　刷　長達印刷有限公司
　　　　　台北市西園路二段 50 巷 4 弄 21 號
　　　　　TEL：+886-2-2304-0488

http://www.rchcs.com.tw

國家圖書館出版品預行編目 (CIP) 資料
抗戰勝利後軍事委員會聯合業務會議會報紀錄
= Joint meeting minutes of Military Affairs
Commission, 1945-1946/ 陳佑慎主編 . -- 初版 .
-- 臺北市 : 民國歷史文化學社有限公司 , 2020.10

　　面；　公分 . -- (民國史料 ; 41)

ISBN 978-986-99448-5-4 (平裝)

1. 軍事行政　2. 國民政府

591.218　　　　　　　　　　109016865